肉羊养殖技术手册

主编 宋宇轩 张 磊

西北农林科技大学出版社

图书在版编目（CIP）数据

肉羊养殖技术手册/宋宇轩，张磊主编. -- 杨凌：西北农林科技大学出版社，2022.7（2023.7重印）
ISBN 978-7-5683-1111-3

Ⅰ.①肉… Ⅱ.①宋… ②张… Ⅲ.①肉用羊—饲养管理—手册 Ⅳ.① S826.9-62

中国版本图书馆 CIP 数据核字（2022）第 125497 号

肉羊养殖技术手册

宋宇轩　张　磊　主编

出版发行	西北农林科技大学出版社
地　　址	陕西杨凌杨武路 3 号　　邮　编：712100
电　　话	总编室：029-87093195　　发行部：029-87093302
电子邮箱	press0809@163.com
印　　刷	阳谷毕升印务有限公司
版　　次	2022 年 7 月第 1 版
印　　次	2023 年 7 月第 3 次印刷
开　　本	880 mm × 1230 mm　1/32
印　　张	6.875
字　　数	153 千字

ISBN 978-7-5683-1111-3

定价：25.00 元

本书如有印装质量问题，请与本社联系

《肉羊养殖技术手册》编委会

主　编	宋宇轩	张　磊		
副主编	张宏兴	陈　帅	南建功	
编著者	孙耀军	王　强	杨勤宏	高文成
	韩保辉	王　增	王　斌	王　原
	朱伟英	李章鹏	刘晓瑞	崔久增
	姜振国	李迎鸽	薛文礼	石秀旗
	刘继军	刘志峰	马　亮	张刚娟
校　审	周占琴	武和平		

编著者单位

宋宇轩　西北农林科技大学
张　磊　西北农林科技大学
张宏兴　陕西省农业农村厅畜牧局
陈　帅　陕西省畜牧产业试验示范中心
南建功　延安市畜牧兽医服务中心
孙耀军　延安市畜牧兽医服务中心
王　强　延安市安塞区畜牧兽医服务中心
杨勤宏　延安市畜牧兽医服务中心
高文成　延安市畜牧兽医服务中心
韩保辉　延安市畜牧兽医服务中心
王　增　延安市畜牧兽医服务中心
王　斌　西北农林科技大学
王　原　宝鸡市畜牧兽医中心
朱伟英　陕西省动物卫生与屠宰管理站
李章鹏　渭南市大荔县畜牧发展中心
刘晓瑞　西北农林科技大学
崔久增　西北农林科技大学
姜振国　西安市长安区农村合作经济经营管理站
李迎鸽　陕西省畜牧技术推广总站
薛文礼　黄陵县畜牧兽医服务中心
石秀旗　吴起县畜牧兽医服务中心
刘继军　甘泉县畜牧兽医服务中心
刘志峰　志丹县畜牧兽医服务中心
马　亮　延安市畜牧兽医服务中心
张刚娟　陕西杨凌瑞祺生物科技有限公司
周占琴　西北农林科技大学
武和平　西北农林科技大学

目　录

第一章　肉羊主要品种及杂交利用

第一节　绵羊品种 …………………… 001

第二节　山羊品种 …………………… 015

第三节　肉羊选择 …………………… 020

第四节　肉羊杂交技术 ……………… 023

第二章　饲养管理技术

第一节　母羊的饲养管理 …………… 032

第二节　羔羊的饲养管理 …………… 034

第三节　育成羊的饲养管理 ………… 038

第四节　种公羊的饲养管理 ………… 039

第三章　饲草饲料

第一节　羊的消化生理特点 ………… 041

第二节　各种营养素的功能与利用 … 047

第三节　肉羊的饲养标准 …………… 068

第四章　肉羊繁殖技术

第一节　羊的繁殖生理特点 …………… 075
第二节　羊主要繁殖指标 ……………… 084
第三节　羊常用繁殖技术 ……………… 086
第四节　羊妊娠诊断 …………………… 099
第五节　接产与助产 …………………… 102

第五章　圈舍建设

第一节　羊场的规划和设计要求 ……… 106
第二节　羊舍的基本结构 ……………… 110
第三节　羊舍的主要类型及设施 ……… 114

第六章　经济效益分析

第一节　规模化羊场经营管理的基本理论 … 120
第二节　规模羊场的经营活动分析 ………… 124
第三节　规模羊场的经营管理模式 ………… 128
第四节　规模羊场的生产制度管理 ………… 134
第五节　肉羊产业化技术体系的规划与发展 … 138

第七章　羊粪资源化利用技术

第一节　羊粪价值 …………… 141

第二节　羊粪好氧堆肥 …………… 142

第三节　羊粪厌氧发酵 …………… 151

第四节　羊粪生物转化 …………… 156

第五节　羊粪肥料利用 …………… 156

第六节　羊粪用作燃料 …………… 157

第八章　羊病防治技术

第一节　肉羊传染病 …………… 158

第二节　肉羊寄生虫病 …………… 176

第三节　肉羊普通病 …………… 185

第一章 肉羊主要品种及杂交利用

我国是一个养羊大国,现有绵羊品种168个,其中地方品种100个,培育品种30个,引进品种38个。在众多的绵、山羊品种中,有肉用羊、毛用羊、奶用羊、绒用羊、毛皮用羊以及很多肉毛兼用羊或毛肉兼用羊。不论绵、山羊品种组成如何,肉羊总是多元结构中的霸主;不论市场风云如何变幻,羊肉一直都是受宠有加的产品。肉用羊以及那些曾经以生产羔皮、裘皮以及羊毛、羊绒而著名的绵、山羊却在为羊肉市场添色增彩,有些品种还取得了不菲的成绩。因此,本书介绍的绵、山羊品种包括产肉性能较好的非专用肉用羊品种。

第一节 绵羊品种

一、引进绵羊品种

1. 杜泊绵羊(Dorpor)

杜泊绵羊是南非共和国利用英国有角陶赛特羊与国内波斯黑头羊杂交培育而成的肉绵羊品种。该国于1850年成立了杜泊肉绵羊品种协会,使这一良种得到较快发展。目前杜泊绵羊已分布于南非各地，总只数达700万只。

杜泊绵羊分长毛型和短毛型两个品系。大多数南非人喜欢饲养短毛型杜泊羊，因此，该品种的选育方向亦为短毛型。杜泊绵羊头颈为黑色，体躯和四肢为白色。头顶部平直，长度适中，额宽，鼻梁隆起。耳大稍垂，既不短也不过宽。颈粗短，肩宽厚，背平直，肋骨拱圆，前胸丰满，后躯肌肉发达。四肢强健而长度适中，姿势端正。整个身体犹如一架高大的马车。

杜泊绵羊生长速度快，肉质好，特别适合肥羔生产。3～4月龄的断奶羔羊体重可达36千克，胴体重16千克。6月龄公羔体重达到54.6千克，母羔达47.8千克；板皮厚且面积大，是上等皮革原料。成年公羊体重105千

图1-1　杜泊绵羊（公羊）

克，母羊84.3千克。繁殖率高和适应性强也是该品种比较突出的性状。平均产羔率达到140%。能适应各种气候，既耐热又抗寒，耐粗饲，放牧舍饲皆宜。被毛短，不需剪毛，当气候变暖时能自行脱落。但在潮湿条件下，易感染肝片吸虫病。羔羊易患球虫病。

杜泊羊对其他绵羊品种的产肉性能的改进效果显著。据报道，杜泊公羊与小尾寒羊母羊的杂一代公、母羊，5月龄平均体重可达50千克，平均日增重可达350～400克，而且肌肉GR值、肉色、失水率、pH值等项目指标均优于其他品种。

2. 萨福克羊（Suffolk）

原产于英国。该品种体格较大，公、母羊均无角，颈粗短，胸宽深，背腰平直，四肢粗壮结实，后躯发育良好，全身肌肉丰满。体躯主要部位被毛白色，头、耳及四肢均为黑色。该品种早熟，适应性强，生长发育快，成年公羊体重100～136千克，产毛5～6千克；成年母羊70～96千克，产毛2.5～3.6千克。毛长7～8厘米，细度50～58支。产羔率为130%～140%。4月龄育肥公羔平均胴体重达到24.2千克，母羔达到19.7千克，而且瘦肉率高，是生产优质羔羊肉的理想品种。美国、英国、澳大利亚等国都将该品种作为生产羔羊肉的终端父本品种。

图1-2　萨福克羊（母羊）

我国从20世纪70年代起先后从澳大利亚、新西兰等国引进，目前在西北、东北、华北、华中等地均有分布，尤其在新疆地区最受欢迎，而且被广泛用作肉羊杂交父本。该品种对我国地方绵羊品种产肉性能改进效果都很显著。如与小尾寒羊杂交后，杂种一代羔羊6月龄体重可达到45千克左右，但杂种后代中杂色被毛个体较多。

3. 无角陶赛特羊（Poll Dorset）

原产于澳大利亚和新西兰。全身被毛白色。公、母羊均无角。颈粗短,胸宽深,背腰平直,躯体呈圆筒状,后躯丰满,四肢粗短。成年公羊体重90~100千克,母羊55~65千克。胴体品质和产肉性能好。经过育肥的4月龄公羔胴体重可达到22千克,母羔达到19.7千克。

图1-3 无角陶赛特(公羊)

该品种产羔率为130%左右,能全年发情配种。由于该品种生长速度快,杂交效果好,并能够适应澳大利亚干旱的气候条件,被广泛用作肉羊杂交父本。澳大利亚75%的高档羔羊肉都是来自无角陶赛特杂种。

我国在20世纪80年代末开始引进,目前华中、西北广大地区都有分布。用无角陶赛特公羊与小尾寒羊母羊杂交,6月龄公羔胴体重可达到24.2千克,屠宰率达54.5%,净肉率为43.1%。

4. 东佛里生羊(East Friensian Milk sheep)

东佛里生羊是世界著名的乳肉兼用绵羊品种,原产于德国东佛里生。该羊体格大,体型结构良好。公、母羊均无角,被毛白色,偶有纯黑色个体出现(近年来在新西兰King Meade牧场经过选育,形成黑色东佛里生新品系)。体躯宽长,腰部结实,肋骨拱圆,臀部略有倾斜,尾瘦长、无毛,一般称为"鼠尾",中国人则称之为"猪尾巴";乳房结构优良、宽广,乳头大小适中,朝下,非常适合机器挤奶。东佛里生羊头部和四肢无毛,鼻子粉红色,胴体瘦肉率高。典型特点为"鼠尾巴、半细毛、粉红鼻、不长角、脸、四肢下部、尾巴不长毛"。成年公羊活重90~120千克,成年母羊70~90千克。成年公羊剪毛量5~6千克，成年母羊4.5千克以上，羊毛同质。成年公羊毛长20厘米，成年母羊16~20厘米，羊毛细度46~56支，净毛率60%~70%。成年母羊260~300天产奶量500~810千克，乳干物质含量18%~22%、乳蛋白5%~6%、乳脂率6%~6.5%。季节性发情，产羔率200%~230%。

东佛里生羊具备生长快、产乳多、繁殖率高等诸多优点。引入我国后与湖羊或小尾寒羊进行级进杂交和横交固定后有望培育出适合我国环境条件的奶绵羊新品种，进而为我国奶绵羊产业发展提供良种支撑。同时在肉羊产业提质增效方面亦可发挥作用，既可作为肉羊杂交的父本应用，也是肉羊杂交母本培育的良好材料。适合于温带气候，我国甘肃、北京和内蒙古有引进。

图1-4　东佛里生羊（母羊）

5. 特克赛尔羊（Texel）

原产于荷兰，是用林肯、莱斯特羊与当地马尔盛夫羊杂交，并经过长期选育而成。该品种体形中等，背腰宽而平直，体躯肌肉丰满,后躯发育良好。眼大突出,鼻镜、眼圈部皮肤为黑色,蹄为黑色。适应性强,耐粗饲。该品种的优点是体型结构好,生长速度快。羔羊70日龄前平均日增重达300克,在适宜的草场条件下,4月龄体重达40千克,6~7月龄达50~60千克,屠宰率为54%~60%。适繁母羊产羔率为150%~160%。成年公羊体重115~130千克,成年母羊75~80千克。该品种被很多国家引进,用作杂交肉羊终端父本。在新西兰,被用作生产反季节羊肉的专门化品种。

我国于1995年首次引进,目前主要分布在辽宁、山东、北京、河北和陕西等省区。据报道,特克赛尔羊对其他绵羊品种产肉性能的杂交改良效果非常明显,如饲养在北京地区的特克赛尔公羊与小尾寒羊母羊杂种一代羔羊断奶前平均日增重为261克,有的个体达到393克。6月龄羔羊平均体重达到39千克,最大个体达到57千克。

图1-5 特克赛尔羊(母羊)

6. 澳洲白(Australian White)

澳洲白是澳大利亚利用现代基因检测技术,经过13年的努力,培育出的一个可用于优质羊肉生产的专门化肉绵羊新品种。2011年3月正式上市。该品种属于粗毛肉羊品种,聚合了白杜泊、万瑞、无角陶赛特和特克赛尔等品种的优良基因,具有抗逆性强、耐粗饲、性情温顺、易管理以及羔羊成活率高、生长速度快、体型结构好、性成熟早、繁殖能力强等优点。而且能自动脱毛,管理成本低。在放牧条件下,5~6月龄羔羊胴体重可达到23千克；在舍饲条件下，6月龄胴体重可达到26千克。而且优质肉比例高，眼肌面积大，是理想的高档肥羔肉生产品种，也可用作终端父本，与湖羊、小尾寒羊等多胎品种杂交。

图1-6 澳洲白（公羊）

二、国内主要绵羊品种

大多数国内绵羊品种体型结构和生长速度赶不上进口肉羊，不属于专门化肉羊品种，但却具有适应性较强、繁殖力高、肉质好等特点，同样受到人们的欢迎。

1. 小尾寒羊

小尾寒羊属于短脂尾肉皮兼用品种，原产于山东省济宁市与菏泽市。该品种全身白色，身躯高大，四肢发达，鼻梁隆起，耳大下垂。公羊前胸较深，背腰平直，有螺旋形大角，威猛好斗，常常被培育成赛场上的斗羊。母羊头小颈长，有小角，体躯较长，但肋骨不够开张，后躯不够丰满。

小尾寒羊生长发育较快，3月龄断奶公、母羔平均体重可分别达20.8千克和17.2千克；周岁公、母羊平均体重分别为60.8千克和41.3千克；成年公、母羊平均体重分别为94.13千克和48.85

千克。6月龄羔羊屠宰率为49.32%。

虽然小尾寒羊体型结构、屠宰率以及肉品品质赶不上引进专用肉羊品种，但可四季发情，平均产羔率高达250%。这一特点是其他绵羊品种所不及的。因此，小尾寒羊被国内许多地方引进，并被用作肉羊杂交母本，取得了较好的效果。

图1-7　小尾寒羊（成年母羊）

2. 湖羊

湖羊是一个具有800多年培育历史并以生产白色羔皮著名于世的多胎绵羊品种，也是一个能适应我国南北气候、肉用性能良好、受国家保护的绵羊良种。早在南宋时期，来自北方的移民将一部分蒙古羊带到江南，饲养在江浙沪交界的太湖流域一带，因此被称为湖羊。

与其他家畜一样，湖羊的形成和发展也受当地的自然、经济、社会条件等诸多因素的影响。由于太湖地区土地总面积狭窄，没有宽阔的天然放牧地，草料来源相对缺乏，湖羊主要以蚕沙（蚕粪）、蚕食后叶梗、枯叶为食，而且饲养在阴暗、狭小的棚圈里。即使这样，人们希望所选留的母羊多产羔、产好羔、易管理。因此，通常从同胎双羔或多羔中选留种羊。在这样特定的自然环境条件下，经过人们的长期定向选育，就形成了我们今天所看到温顺、秀美、产羔多、生长快、肉质优、羔皮好、抗逆性强、易管理的湖羊品种。

（1）体型外貌　湖羊体格中等，在一般农户饲养条件下，成年公羊体重为65千克左右，成年母羊体重40千克左右。公、母均无角，头狭长，鼻梁隆起，耳大下垂，颈、躯干和四肢细长，前胸欠发达，体躯呈扁长型，背腰平直，腹微下垂，尾扁圆，尾尖上翘，属于短小脂尾。腹毛粗、稀而短，体质结实。全身白色，被毛由无髓毛、两型毛和有髓毛组成，属于异质毛，夏初剪取的被毛是较理想的地毯毛。

（2）生活习性　湖羊比较温顺，胆小，怕光，怕声响和鞭打，怕潮湿，怕蚊蝇，喜欢干燥、清洁和安静的生活环境，适合舍饲。长期生活在潮湿的环境条件下，易患腐蹄病。遇雷电、鞭炮等剧烈声响或突然声响，会四处逃窜，碰伤肢体，妊娠母羊会出现流产；强烈的阳光照射会使湖羊变得很不安定，甚至引起眼炎。因此湖羊饲养环境应保持清洁、干燥、卫生，防止剧烈声响，尽量保持羊群安静。避免强光照射，运动场应建遮阴棚或栽植阔叶树种。饲喂或捕捉羊只时禁止鞭打或突然追赶羊群。但锻炼可以改变动物的很多习性，经过放牧锻炼的羊只也会变得强大起来，不畏光，善游走。

（3）肉用性能　湖羊前期生长速度快，产肉性能好。湖羊虽然因生产白色羔皮而著名于世，但产肉性能更具优势，很多指标远远超过一般地方品种，接近引进品种。据浙江农科院测定，湖羊1月龄平均日增重可达到236.5克，3～4月龄平均日增重213.3克。断奶后肥育的双羔日增重可达240克，屠宰率达50%以上,料肉比达2∶1。在一般饲料条件和精心管理下,湖羊6月龄体重可达成年体重的80%以上,周岁时即可达成年羊体重的90%以上。随着饲养管理条件的改善,湖羊的生长潜力会得到更大发挥。如金昌元生公司饲养的湖羊羔羊,45日龄体重可达到20千克,最大体重达到25千克,此时断奶组群,未出现断奶应激现象,4月龄前一直处于快速生长趋势,日增重达到200~300克。因此,湖羊羔羊更适合直线育肥,生产肥羔肉。

湖羊骨骼细小,胴体品质高。据浙江大学林嘉教授等人测定,湖羊公、母羊净肉率分别为38.8%和40.55%,骨肉比分别为1∶4和1∶4.59。

(4)肉品品质 湖羊肉蛋白质含量高,脂肪适中,胆固醇含量低,鲜嫩多汁,膻味小。据陈雪君等人测定,湖羊肌肉蛋白质含量达到20.3%~24.0%,而且随年龄的增加呈上升趋势(见表1-1)。

表1-1 不同年龄湖羊肌肉粗蛋白质含量

单位:%

年龄	5月龄	10月龄	18月龄	4岁
背最长肌	20.3±0.33	20.6±0.27	21.6±0.35	22.5±0.54
肱三头肌	21.7±0.27	22.1±0.33	23.1±0.90	24.0±0.47

湖羊肉粗蛋白质含量明显高于猪肉(15%)和禽肉(18%),也高于细毛羊肉(17.4%)、小尾寒羊肉(17.1%)、苏尼特羊肉(19.2%)和乌珠穆沁羊肉(18.06%)、和田羊肉(19.23%)、多浪羊肉(18.99%)和哈萨克羊肉(18.93%)等。而且湖羊肉必需氨基酸组成全面,赖氨酸含量丰富,达到1.95%,高于小尾寒羊肉(1.27%~1.65%)。据国家食品质量监

督检验中心对6月龄金昌湖羊肉进行的检测,每百克胆固醇含量仅为51毫克,远远低于其他绵羊品种。

(5)羔皮品质 羔羊生后1~2天内宰杀剥制、加工的羔皮(小湖羊皮)质量最优,毛纤维束弯曲呈水波纹图案,洁白美观,轻柔而富有弹性,是制作女翻毛大衣的优质原料,在市场上享有"软宝石"之称,远销欧洲、北美洲、日本、澳大利亚和中国港澳等地。

(6)繁殖性能 湖羊属早熟品种,繁殖性能好。母羔5~6月龄性成熟,7~8月龄便可配种。湖羊发情不受季节的影响,一年四季都可以发情、排卵、交配、受孕和产羔。发情周期为16~18天。在正常饲养条件下,可年产两胎或两年三胎,每胎产2~3只羔羊,产羔率为229%,在良好的饲养管理条件下,经产母羊产羔率可达到300%以上。据浙江农科院畜牧所技术人员统计,浙江湖羊产双羔母羊占49.60%,产三羔母羊占30.22%,产四至五羔母羊占7.3%,多胎母羊(产三羔以上)占37.52%。据对引入金昌元生的830只湖羊进行的观察,初产母羊平均产羔率达到205.45%,其中产四羔、三羔、双羔和单羔的母羊分别占5.9%、26.7%、34.2%和33.2%,多胎母羊占32.6%。羔羊成活率达到98.6%。羔羊断奶后20天左右,母羊体质恢复,进入第二个繁殖周期。第二胎平均产羔率可达到250%。

(7)泌乳性能 湖羊泌乳性能好,母性强。在以青粗、多汁饲料为主,稍加精料的条件下,泌乳量可满足3只羔羊的营养需要。但产3只以上羔羊时,需要另外补充牛奶或找代乳羊。有人认为,湖羊的饲养成本要比奶牛低得多,湖羊奶极具商品开发价值和潜力。

（8）适应性　湖羊食谱广，适应性强。很多青草、干草、农作物秸秆、农副加工产品都可作为湖羊的饲料。湖羊不仅能在江南37～39℃的湿热、狭小的舍饲条件下健康地生存与繁殖，而且也能适应西北地区寒冷的舍饲、放牧或半放牧条件。据报道，湖羊引入新疆准噶尔盆地库尔班通特沙漠边缘的莫索湾表现良好，羔羊初生重、生长速度和成年体重都高于原产地湖羊。新疆出生母羊第一、二胎产羔率分别达到244.7%和286.0%，远远高于原产地湖羊。另据观察，2012年引入甘肃金昌元生公司的830只6月龄湖羊经过40多小时的长途运输，没有出现运输应激死亡现象，而且很快适应金昌的舍饲条件，并在引进1个月后全部发情配种。

由于湖羊适应性好，抗逆性强，目前已被引入新疆、甘肃、宁夏、内蒙古、湖北、河北等省区。

（9）湖羊与小尾寒羊的区别　湖羊与小尾寒羊的区别详见表1-2。

表1-2　湖羊与小尾寒羊的区别

项目	小尾寒羊	湖羊
来源	蒙古羊的后裔	蒙古羊的后裔
培育历史	宋朝中期开始	南宋时期开始
分布地	山东省的鲁西南部	浙江、江苏间的太湖流域
被毛颜色	全身白色，少数个体头部有色斑。被毛为异质毛，适宜织地毯	全身白色毛。腹毛粗、稀、短，被毛为异质毛，适宜织地毯
头颈部	公羊头大颈粗，鼻梁隆起，耳大下垂。母羊头小颈长	头狭长，鼻梁隆起，多数耳大下垂，颈细长
角型	公羊有发达的螺旋形大角，母羊大都有角，形状不一，有镰刀状、鹿角状、姜芽状等，极少数无角	公母羊均无角

续表

项目	小尾寒羊	湖羊
体格和体躯结构	体格大,体躯长,背腰平直,四肢较长	体格中等,体躯狭长,背腰平直,腹微下垂,四肢较细
体重	成年公羊体重80.5千克,成年母羊体重57.3千克	成年公羊体重40~50千克,成年母羊体重35~45千克
性格	较凶悍、善打斗	胆小、惧光、易管理
尾型	脂尾在飞节以上	尾扁圆,尾尖上翘
骨骼发育	骨骼较发达	骨骼较纤细
羔皮	—	羔皮毛纤维束弯曲呈水波纹图案,弹性强,洁白美观
性成熟	5~6月龄	5~6月龄
产羔率	可年产两胎或两年三胎,平均产羔率250%	可年产两胎或两年三胎,平均产羔率229%以上
适应性	较好	很好
对营养的要求	较高	较低

图1-8 湖羊(育成母羊)

3. 欧拉型藏羊

欧拉羊是藏系绵羊的一个特殊生态类型,主要分布于甘肃省玛曲县、青海省河南蒙旗和久治县及其相邻地区。

欧拉羊头稍长,呈锐三角形,鼻梁隆起,公、母羊绝大多数有微螺旋状角,多数有肉髯,公羊前胸着生黄褐色毛,母羊不明显。全身被毛较短,多数羊头、颈、四肢有黄褐色斑,纯白色个体很少。

欧拉羊体格较大,四肢较长,背平直,前胸和臀部发育良好。成年公羊体重75.8千克,成年母羊体重58.5千克。成年羯羊屠宰率为50.2%。

欧拉羊能够适应高寒草原严寒、潮湿和低气压等自然条件和常年露营放牧的饲养管理方式。但繁殖率不高,每年产一胎,每胎只产1只。

图1-9 欧拉型藏羊(母羊)

4. 乌珠穆沁羊

乌珠穆沁羊属于短脂尾粗毛羊品种。产于内蒙古自治区锡林郭勒盟乌珠穆沁草原,故以此得名。

乌珠穆沁羊头中等大小,额稍宽,鼻梁微凸,公羊有角或无角,母羊多数无角。体格较大,体躯较长,四肢粗壮,胸宽而深,背腰平直,后躯发育良好。毛色以黑头者居多,少数为纯白色。

乌珠穆沁羊体质结实,适应性强,生长发育较快。能较好地适应终年放牧、不补饲的饲养方式，2.5～3月龄公、母羔羊平均断奶体重为29.5千克和24.9千克；6个月龄公、母羔平均体重达39.6千克和35.9千克，成年公羊体重74.43千克，成年母羊体重58.4千克。成年羊屠宰率在50%以上。

乌珠穆沁羊繁殖力不高，平均产羔率为100%。

图1-10　乌珠穆沁羊（公羊）　　图1-11　乌珠穆沁羊（母羊）

第二节　山羊品种

一、引进山羊品种

1. 布尔山羊（Boer Goat）

也叫波尔山羊，是世界上公认的肉用山羊品种。我国于1995年由陕西省和江苏省首次引进，目前陕西、山东、河南、河北、浙江、江苏等20多个省区都有分布。

布尔山羊原产于南非。被毛短，毛色差异很大，有白色、褐色、黑色和杂色等。我国引进的改良型布尔山羊头部一般为红（褐）色并有广流星（白色条带），身体为白色，公母羊均有角，耳大下垂。体躯结构良好，四肢短而结实，背宽而平直，肌肉丰满，整个体躯圆厚而紧凑。羔羊初生重3～4千克。断奶前公羔日增重可达200克以上，母羔为160～180克。5～6月龄为生长高峰期，亦为最适育肥期。在良好的饲养管理条件下，6月龄公羔平均体重可达30千克，母羔可达到26千克。成年公羊一般体重为100～130千克，母羊一般体重为65～75千克。

生长发育良好的布尔山羊母羔8～10月龄即可配种。适繁母羊产羔率为180%～220%。

图1-12　布尔山羊（母羊）　　图1-13　布尔山羊（公羊）

布尔山羊对其他山羊品种改良效果十分显著。如布尔山羊公羊与关中奶山羊一代杂种母羔6月龄体重为23.17千克，比同龄奶山羊高21.23%；布尔山羊公羊与陕南白山羊一代杂种母羔6月龄体重为17.82千克，比同龄陕南白山羊高69.07%，而且体型结构也得到明显改进。

2. 努比亚山羊（Nubian goat）

努比亚奶山羊是世界著名的乳用山羊品种之一。原产于非洲东北部的埃及、苏丹及邻近的埃塞俄比亚、利比亚、阿尔及利亚等国，在英国、美国、印度、东欧及南非等地都有分布。努比亚山羊头短小，罗马鼻，鼻梁隆起，耳大下垂，颈长，躯体较短，四肢细长，大多数公、母羊无角。毛色较杂，有暗红色、棕色、灰白色、黑色及各种斑块杂色，以暗红色居多，被毛细短，有光泽。

图1-14 努比亚山羊
（浅褐色母羊）

图1-15 努比亚山羊
（深棕色母羊）

努比亚山羊成年公羊平均体重80千克，成年母羊平均体重55千克。

努比亚山羊繁殖力强，一年可产两胎，每胎可产羔2～3只。在正常饲养管理条件下，产羔率可达190%。

努比亚山羊虽然属于奶用品种，泌乳期为5～6个月，年产奶量为300～800千克，但产肉性能也较好，用作肉山羊杂交母本更为理想。

二、国内山羊品种

1. 陕南白山羊

陕南白山羊分布于汉江两岸的安康、紫阳、旬阳、白河、西乡、镇巴、平利、洛南、山阳、镇安等县。

陕南白山羊头大小适中，鼻梁平直。颈短而宽厚。胸部发达，肋骨拱张良好，背腰长而平直，腹围大而紧凑，四肢粗壮。尾短小上翘。毛被以白色为主，少数为黑、褐或杂色。陕南白山羊分短毛和长毛2个类型。短毛型又分为有角和无角2个类型。无角短毛型羊性情温驯，早熟，易肥。有角长毛型羊性烈好斗。

陕南白山羊抓膘快、肉质好。6月龄羯羊平均体重为22.17千克，屠宰率为45.56%。成年公羊平均体重33.0千克，母羊27.3千克。成年羊屠宰率为52%。

图1-16　陕南白山羊（带羔母羊）

陕南白山羊性成熟早，8～12月龄可初配。而且常年发情，可年产两胎或两年产三胎，平均产羔率259%。

2. 子午岭黑山羊

子午岭黑山羊以产黑猾皮和紫绒而著称，主要分布在甘肃省庆阳市的华池、环县、合水等县，陕西榆林市和延安市也有分布。该品种以黑色为主，少数为青色或花色。头较短窄，额突出，公、母均有角，颌下多髯，颈较长，胸较宽，背腰平直，四肢健壮有力，尾短上翘。被毛由粗长、光亮、略带弯曲的粗毛和纤细的绒毛组成。

子午岭黑山羊体格中等偏小。成年公羊平均体重34.6千克，母羊24千克。但适应性好，抓膘能力强，肉质细嫩，膻味小，深受当地群众的欢迎。在放牧条件下，母羊6～8月龄性成熟，且多产单羔，平均产羔率为100%～121%。羯羊平均屠宰率为47.6%，净肉率为42.5%。在舍饲条件下，产羔率和屠宰率均有所提高。

图1-17　子午岭黑山羊（母羊）

3. 陕北白绒山羊

陕北白绒山羊是以辽宁绒山羊为父本，陕北黑山羊为母本，经过30年的杂交、培育而成的绒肉兼用型山羊新品种。主要分布在榆林、延安两市的榆阳、神木、府谷、横山、靖边、定边、绥德、米脂、佳县、子洲、甘泉、宝塔、延长、安塞、子长等县区。

图1-18　陕北白绒山羊（母羊）

陕北白绒山羊体格中等，成年公、母羊平均体重分别为41.2千克和28.7千克。头轻小，额顶有长毛。颌下有髯，面部清秀，眼大有神。公母羊均有角，全身被毛白色，毛绒混生，产绒量较高,是国内著名的绒山羊品种。但由于该品种肉质好、抗逆性强,被广泛用于羊肉生产,1.5岁羯羊平均屠宰率为45.6%。该品种母羊产羔率为105.8%,但通过对产双羔母羊的选育,可使产羔率提高到198%左右。而且在良好的舍饲条件下,母羊产羔率和羔羊生长速度也可得到明显提高。在短期育肥条件下,当年公羔的日增重也可达到150~200克。

第三节 肉羊选择

一、品种选择

选择肉羊品种首先要明确用途:用于纯种繁殖还是杂交改良?用于什么品种的杂交改良? 如用于肉羊杂交的父本羊可以考虑购进产肉性能好、适应较强、性成熟较早的杜泊羊、萨福克或者陶赛特等品种。如果选择杂交母本羊就不宜考虑引进的专用肉羊品种,最好选择繁殖力高、适应性强、来源广、购进成本较低的地方品种。肉羊品种的选择主要考虑以下几个因素:

1. 品种特征

每个绵、山羊品种都有其独特而稳定的外貌特征,如果外貌特征不明显或者有所变化,说明其品种性能不稳定、品种不纯或者正在导入外血。即使用于肉羊杂交改良,也不宜购进这类羊只。

2. 适应性

首先要了解欲引进品种的培育历史、生态环境和生理特点及其适应性能，考虑引进品种是否可以适应引入地的生态环境，当地各种资源条件是否可以满足所引进羊只的生存与发展需要。一般来说，在相同饲养管理和群体规模条件下，适应性强的品种患病概率和死亡率低，可减少治疗疾病的医药费和人工费，获得较好的效果。

3. 产肉性能

对于肉羊来说，主要看其产肉性能。由于羔羊肉是未来羊肉市场的主流产品，用于羔羊肉生产的品种必须具备繁殖力高（早熟、产羔多）、前期生长速度快、适应性强等特点，而不要过分追求体格。因为体格较大的品种往往不具备这些特点，而且维持营养需要量较大。因此，目前市场上最受欢迎的肉羊品种，尤其是用作终端父系品种的绵、山羊多为生长速度快、性成熟较早、四肢粗短的中等体格羊。

4. 繁殖力

繁殖力对肉羊的生产水平和养殖效益有直接影响。因此，是选择品种、确定肉羊经营方式、制定生产计划时必须考虑的因素。但高繁殖力性状的正常发挥需要相适合的环境条件。如单胎藏羊可在青藏高原上立于不败之地，而小尾寒羊和湖羊引入青藏高原就很难保持其品种优势，甚至不能正常生存。

二、个体选择

个体选择主要是针对种羊而言。种羊通常是从后备种羊群中精选出来的特、一级个体。不论是公羊还是母羊，用于繁殖的种羊选择必须从以下三方面入手：

1. 看父母

从优良的公母羊交配后代中的全窝都发育良好的羔羊中选择。母亲应为第二胎以上的经产多胎羊。

2. 看本身

从初生重大、各阶段增重快、发育好的羔羊中选。但体格只是一只羊在特定条件下的一种表现,即表型性状,这一性状能否稳定地遗传给后代,仅参考表现型是不够的,还要根据其他因素做出判断。如环境条件,被比较和选择的羊是否处于相同的饲养管理环境,因为生活在较为优越的营养条件下的羔羊(如单羔由奶量充足的母羊哺乳)总要比生长在逆境中的羔羊(一胎多羔,营养不足或患过疾病)长得快。处在这样两种环境下的羔羊体格大小就没有可比性。因此,选留种羊时,还要参考其父母和其他祖先的资料、同胞兄妹的资料、后裔资料和饲养管理条件。

3. 看同胞

从优良的公母羊交配后代中的全窝都发育良好的羔羊中选择。

4. 看后代

要看后备种羊所产后代的生产性能,是不是将父母代的优良性能传给了后代,凡是优良性状遗传力差的个体都不能选留。后备母羊的数量,一般要达到需要数的3~5倍,后备公羊的数量也要多于需要量。因此,不论是地方品种还是培育品种,所有可保留或发展的品种都是选留其中少数优秀个体用作种羊,而不是它们的全部。即使很优良的品种,也不例外。因此,良种不等于种羊。

第四节 肉羊杂交技术

在肉羊生产中,杂交是获得最大产出率的手段之一。在肉羊生产中,通过选择合适的杂交亲本进行繁殖生产,产羔率一般可提高20%～30%,体增重提高20%,羔羊成活率提高40%。

一、杂交的基本概念

杂交是指遗传类型不同的生物体互相交配或结合而产生杂种的过程。就某一特定性状而言,两个基因型不同的个体之间交配或组合就叫作杂交。杂交也是指一定概率的异质交配。不同品种间的交配通常叫作杂交,不同品系间的交配叫作系间杂交,不同种或不同属间的交配叫作远缘杂交。

二、杂交效应

杂交可促使基因杂合,使原来不在一个种群中的基因集中到一个群体中来,通过基因的重新组合和重新组合基因之间的相互作用,使某一个或几个性状得到提高和改进,出现新的高产稳产类型。杂交可以产生杂种优势,不仅使后代性状表现趋于一致,群体均值提高,生产性能表现更好,同时,可使有害基因被掩盖起来,使杂种的生活力更强。

三、肉羊杂交技术要求

1. 依据试验结果选择杂交模式

肉羊杂交模式必须根据杂交组合试验结果予以确定。父母本羊主要从生产性能、适应性和资源可利用性3方面予以考虑。

（1）父本羊　如果采取简单的两品种经济杂交，公羊可在早熟品种中选择。如果进行复杂杂交，第一次杂交，可选择大型品种（如边区莱斯特）或早熟品种，最后使用的公羊（终端父本）必须具备早熟、生长发育快、饲料报酬高等性能。

选择经济杂交用父本品种还要考虑繁殖性能。虽然父本的繁殖性能没有生长发育重要，但在配种相同数量母羊的条件下，多胎品种公羊获得的杂种后代较单胎公羊高得多，尤其是可获得更多的可用于继续杂交的杂种母羊。如用多胎品种公羊杂交时，其杂种一代母羊的产羔率可提高60%。芬兰兰德瑞斯羊虽然繁殖性能较高，但其他性能不突出，最好用作第一次杂交父本。其杂种后代再与早熟品种杂交，杂种的产肉性能会更好。法国绵、山羊研究所用兰德瑞斯公羊与法国岛羊母羊杂交，然后一代杂种母羊再用法国岛羊公羊杂交，第二代杂种经过选择，进行自群繁育。结果二代杂种羊的产羔率得到显著提高，5月龄配种的母羊产羔率为181.4%，并具有全年繁殖的特性，可实现两年产三胎，每只母羊平均产羔2.53只，羔羊肉质好。美国用芬兰兰德瑞斯羊和澳大利亚的布鲁拉羊与当地的兰布里耶羊杂交，平均每只母羊多产羔0.9只。

（2）母本羊　选择高繁殖力品种和发情季节长的品种。虽然多胎羔羊生长发育较单羔差些，但1只高繁殖力母羊为社会提供的羊肉总产量必然高于低繁殖力母羊。其饲养成本低，饲养效益高。因此，饲养多胎母羊较合算。但许多高繁殖力绵羊品种却不具备高产肉性能，如芬兰的兰德瑞斯羊、俄罗斯的罗曼诺夫羊、澳大利亚的布鲁拉羊、我国的小尾寒羊和湖羊等品种。杂交技术可将各品种的有利基因有机地组合在一起，使杂种羊既具备较高的繁殖力，又表现出较好的产肉性能。国内在导入小尾寒羊血液提高当地绵羊繁殖力方面的成功例子也很多。

选择产奶性能好的品种。如布尔山羊与关中奶山羊杂交，不仅是因为奶山羊体格大，繁殖力高，杂种后代具有体格优势和绝对增长速度，而且因为奶山羊的奶量充足，有利于羔羊前期生长发育。其杂种二代羔羊较高的生长速度在一定程度上也得益于杂种一代母羊的高产奶量。因此，周占琴等人提出，布尔山羊与关中奶山羊的一代、二代杂种可用作乳羔肉生产。

选择来源广的品种。母本羊一般选用当地品种。这不仅是因为当地品种母羊能够较好地适应当地生态和生产条件，而且因为其数量大，资源丰富，可节约购买母本的开支。

2. 注意杂交父、母本的个体选择

（1）公羊的选择 公羊应当是经过系谱考察和后裔测定而被确认为高繁殖力的优秀个体。其体型结构理想，体质健壮，睾丸发育好，雄性特征明显，精液品质优。

（2）母羊选择 从多胎的母羊后代中不断选择优秀个体，以期获得多胎性能强的繁殖母羊，并注意母羊的泌乳、哺乳性能。也可根据家系选留多胎母羊。如澳大利亚从西尔羊群中选出2只1胎产5羔的公羊，13只1胎产3～4羔的母羊和1只1胎产6羔的母羊，组成核心群，进行有计划培育，终于培育出布鲁拉羊，其平均产羔率达到210%。另外，初产羊的多胎率与其终身的繁殖力有一定联系。据武和平等人（2003）对布尔山羊进行的观察，初产单羔的母羊6岁前平均每胎产羔1.67只，初产双羔的母羊6岁前平均每胎产羔2.4只,产单羔的比例仅为1/15。另据姚树清(1992)对绵羊进行的观察,初产单羔的母羊在随后3产中,平均产羔为1.33只、1.31只和1.4只。而初产双羔的母羊,分别产羔1.73只、1.71只和1.88只。由此可见,通过对初产母羊的选择,能够提高羊的多胎性能。

(3)采取正确的选配方法　　正确选配对提高繁殖力来说也是非常重要的。实践中,选用双胎公羊配双胎母羊可获得较多的羔羊,所产多胎的公、母羔也可留作种用。单胎公羊配双胎母羊时,每只母羊的产羔数有所下降;单胎公羊配单胎母羊,其产羔数会更低。

(4)考虑主要经济性状的遗传力　　遗传力低的性状容易获得杂种优势,如产羔数、初生重、断奶重等性状遗传力低,主要受非加性基因的影响,近交时退化严重,杂交时优势明显,若通过纯繁来提高则进展不大。遗传力中等的性状,如断奶后的增长速度和饲料利用率属于遗传力中等的性状,杂交时有中等的杂交优势。遗传力高的性状,不易获得杂种优势,杂交的影响很小。如胴体长度、眼肌面积等遗传力高,主要受加性基因的影响,通过杂交改进不大。

(5)考虑父、母本的遗传差异　　一般说来,亲本遗传基础(基因型)差异越大,杂种优势表现就越明显。如果两个亲本群体缺乏优良基因,或亲本群体纯度很差,或两亲本群体在主要经济性状上基因频率无多大差异,或缺乏充分发挥杂种优势的饲养条件,都不能表现理想的杂种优势。由此可见,杂种优势的利用,乃是以培育亲本种群和选择杂交组合一直到创造适宜的饲养管理条件等一整套措施,杂交不过是其中一环而已。

（6）进行性状的配合力测定　配合力测定是指不同品种和品系间配合效果。生产实践和科学研究证明，一个品种（品系）在某一组合中表现得不理想，而在另一组合中的表现可能比较理想。因此，不是任意两种（或品系）的杂交都能获得杂种优势。配合力表现的程度受多方面因素影响：不同组合（品系）相互配合的效果不同，同一组合里不同个体间配合的效果也不一样，不同组合在相同环境里表现不同，同一组合在不同环境里表现不同。我们必须仔细进行配合力测定工作，找出适合于本地区的优秀杂交组合。因此，在开展经济杂交前，必须进行杂交用品种的配合力测定，并在测定的基础上建立和健全杂交体系，使杂交用品种各自的优点在杂交后代身上很好地结合。据苏联资料报道，细毛羊×粗毛的杂种母羊与肉毛兼用公羊进行杂交，每100只杂种羔羊的产肉量比母系品种的同龄羊多200～300千克，每100千克体重较母系品种同龄羊少消耗591～1182兆焦的净能。据文献资料指出，不同性状表现出的杂种优势强度是不同的，它们表现的强弱顺序归纳如下：生活力、产羔率、泌乳力、母性本能、体重、生长速度、饲料利用率、剪毛量、羊毛长度和密度。品种之间遗传差异愈大，其后代表现出的杂种优势愈大。杂交可使羔羊的成活率提高40%，产羔率提高20%～30%，增重率提高20%，产毛量提高33%左右。

（7）提供适宜的饲养管理条件　肉羊生产性能的表现是遗传基因与环境共同作用的结果。在环境条件中，营养对杂交优势的影响较大，有一些组合在高营养水平表现较好，在中等营养水平表现较差；另一些组合在中等营养水平表现较好，在高营养水平表现也没有提高。饲养方法、环境温度对杂种优势的表现也有影响。

（8）对杂种优势率进行估算　为了准确度量杂种优势率的大小，还必须估量主要经济性状的杂种优势率。

第一，目前常用的杂种优势率估算方法是：用杂交一代的各数量性状平均值与双亲相应性状的平均值进行比较，估算公式是：

$$杂种优势率(\%) = \frac{杂交一代性状平均值 - 双亲性状平均值}{双亲性状平均值} \times 100\%$$

具有杂种优势的杂种个体间交配来固定杂种优势的做法是不成功的，即杂种优势不可固定。这就是育种过程中对高代杂种（级进杂交三代、四代）进行固定，而不对杂种一代进行固定的原因。杂种一代、二代羊除了选留部分个体用于继续级进杂交外，基本上用作商品肉羊。

第二，杂交效果比较应当是对相同管理条件下的不同杂交组合的性状比较。

第三，保持亲本母羊的持续作用。杂交用父本品种一般数量少，不易流失；母本数量大，生产性能差的容易被淘汰。因此，为了能长久地利用杂种优势，应当保护好亲本品种。

第四，重视杂交后代的适应性。一个优秀的引入品种不能完全替代本地品种的主要原因是适应性差，而连续数代的杂交也可能产生同样的问题。因此，经济杂交代数应根据杂种后代的表现给予适当控制。否则，杂种优势的潜力就难以发挥出来。

四、肉羊杂交方法的选择与应用

1. 二元杂交

是指2个血缘或性状不同的羊只间的杂交。其公、母羊个体只杂交一代，而不再继续杂交。其后代称为杂种一代（F1）。杂种一代羊通常表现出较强的生活力，公、母羔全部用作商品肉羊。

主要用生产性能优良的肉用羊品种作父本，用本地羊作母本，杂交一代羊通过育肥进行肉羊生产。绵羊可用杜泊羊、萨福克羊、东佛里生作父系，以湖羊、小尾寒羊作母系，生产二元杂交肥羔。布尔山羊与大型奶山羊（非肉用）的一、二代杂种不论从体型结构看，还是从生长速度看，都具备了肥羔生产的优势。奶山羊及其杂种一代所具备的高产奶量是保证后代杂种优势充分表现的重要条件。我国北方常用的肉羊杂交模式有：

黑头萨福克♂×湖羊/小尾寒羊♀

无角陶赛特♂×湖羊/小尾寒羊♀

东佛里生♂×湖羊/小尾寒羊♀

杜泊羊♂×湖羊/小尾寒♀

布尔山羊♂×奶山羊（非奶用♀）

2. 三元杂交

三元杂交是先用2个品种杂交，生产在繁殖性能方面具有显著杂交优势的母本群体，再用第三个品种作父本与之杂交，以生产经济用杂种羊群。

大量的试验证明，采用多品种杂交技术生产肥羔效果好。澳大利亚和新西兰在绵羊肥羔生产中广泛采用多品种杂交。虽然他们的肥羔生产方式不同，但都是根据本国或本地区的自然、品种资源等情况，选择成熟早、生长快、体格大的品种作父系，选择繁殖力高、母性强的品种作母系，通过杂交来生产优质羔羊肉。可选择具有泌乳性能好、体型大、繁殖率高、生长快等特点的东佛里生公羊作为第一父本，与湖羊母羊杂交，其东湖杂交一代（F1）具有体格大、繁殖率高、泌乳性能好等特点。杂种一代公羊直接育肥，杂种一代母羊再与初生重大、前期生长快、体重大、瘦肉率高的肉用品种（如萨福克羊、杜泊）公羊（终端父本）杂交，杂交后代可继承亲本体大、健壮、肉用性能好（生长快、产肉多）等特点，可全部用作肥羔生产。这种模式的目的是将终端父本羊生长快、东佛里生羊泌乳量高和湖羊繁殖率高的突出优点结合起来，从而实现规模肉绵羊养殖场"生得多、养得活、长得快、肉质好、效益高"的目标。

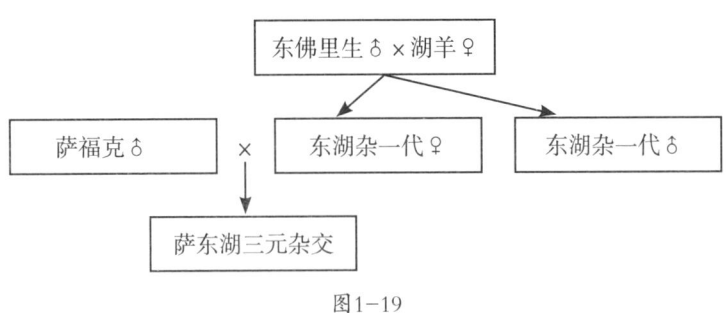

图1-19

五、肉绵羊"461"高效生产模式

肉绵羊生产的"461"模式指"四高六早一全"，其具体内容为：

1. 四高

饲养高繁殖力母本品种，如我国固有的高繁品种湖羊或小尾寒羊；采用高效杂交组合，以快速生长的肉羊专用品种如萨福克、东佛里生、杜泊、陶赛特等为父本，以高繁品种湖羊或小尾寒羊为母本进行经济杂交，生产育肥专用的羔羊；提供高水平营养，分阶段分类群进行精准营养供应，将规模羊群分为羔羊群、育成群、妊娠群、哺乳群、公羊群、育肥群等，针对不同羊群所需要的营养制定饲料配方和饲养计划；高度自动化管理技术，使牧工的劳动效率提高10～20倍。

2. 六早

指羔羊早开食、早断奶、早上市，母羊早选育、早配种、早淘汰。即羔羊1周龄开食，补充代初乳料和代乳料，45～50日龄断奶，让母羊早恢复，早配种。商品羔羊6月龄前上市，留种羔羊断奶时便通过基因型检测决定去留，母羊7～8月龄开始配种，两年产三胎，4～5岁淘汰。

3. 一全

指在舍饲条件下，通过对不同羊群的精准营养需要研究，将粗饲料、精饲料、矿物质、维生素以及功能添加剂合理搭配在一起，配制出精粗比、能蛋比、钙磷比、微量元素、维生素以及氨基酸平衡的全混合饲料，改善羊只营养状况，提高饲料效率，改善肉羊生产水平。

利用"461"高效生产模式，可充分利用羊的"黄金"生长与繁殖年龄，使其繁殖与生产潜力得到最大限度发挥，从根本上解决舍饲肉羊养殖效益低下的问题。

第二章 饲养管理技术

第一节 母羊的饲养管理

一年当中母羊可分为空怀期、妊娠前期（3个月）、妊娠后期（2个月）、哺乳前期（约2个月）、哺乳后期（约2个月）5个阶段。

一、空怀期母羊的饲养管理

羔羊断奶至配种受胎这个阶段为母羊空怀期。这个阶段母羊处于抓膘复壮、做好配种准备时期。只有抓好了空胎母羊的膘情，才可实现全配满怀、全生全壮的目的。配种前母羊平均体重增加1千克，产羔率可望增加2.1%，而且发情整齐，产羔集中。因此，在配种前1个月左右就要对繁殖母羊给予优饲。

二、妊娠前期母羊的饲养管理

妊娠前期，胎儿发育较慢，一般放牧就可满足其营养需要，特别是在青草季节，不需补料。放牧不能满足时，则可适当补料。

三、妊娠后期母羊的饲养管理

妊娠后期,胎儿发育较快,羔羊初生重的90%是在妊娠后期完成的。这一段如果营养不足,羔羊初生重量小,抵抗力弱,成活率低,羊分娩后泌乳不足,妊娠后期除放牧外必须补料。

四、哺乳前期母羊的饲养管理

母羊产后即开始哺乳羔羊,这2个月内母乳是羔羊营养的主要来源。要满足羔羊快速生长发育的需要,就要想办法加强母羊产后护理工作:

(1)检查胎衣是否完整,有无病变。

(2)产房应保暖、防潮、避免贼风,预防感冒,使母羊安静休息。

(3)产后1~2小时,给母羊饮用加少许食盐和麸皮的温水、米汤或豆浆。

(4)产后1~3天内,对膘情好的母羊,不补精料,防止消化不良或发生乳房炎。

(5)切忌饮冷水,3天之内饲喂质量好、易消化的青干草,减少精料喂量,以后逐渐转变为饲喂正常饲料。这期间,要仔细检查母羊的乳房有无异常或硬块,发现问题及时解决。

(6)应按母羊膘情以及所带羔羊数给予不同补料标准,精料量应比妊娠后期稍有增加,供给优质干草和一定量的青绿饲料或青贮饲料,保证充足的饮水,保持羊舍干燥清洁。

五、哺乳后期母羊的饲养管理

哺乳后期2个月，母羊泌乳能力逐渐下降，加强补饲也达不到哺乳前期的泌乳量，这时羔羊已能采食大量青草和粉碎的混合精料，可不依赖母乳生存。从3月龄起，逐渐减少母羊的精料补充料，如果草场条件好，可以完全转为放牧。

第二节　羔羊的饲养管理

一、初生羔羊的生理特点

（1）体温调节机能很不完善，易受外界温度变化的影响，生后数小时内更为明显。

（2）血液中缺乏免疫抗体。初生羔羊通过肠壁吸收初乳中的球蛋白，可抑制病原菌的活动。

（3）所食乳汁直接进入第四胃进行消化，前三个胃的作用不大。肠道适应性差，各种辅助消化酶不健全，瘤胃中的微生物的区系尚未形成，肠神经丛反射相当弱，易患消化不良病和拉稀。

（4）对外来细菌的抵抗力弱，特别怕寒冷刺激，易发生感冒并发肺炎。

（5）肝功能的解毒能力弱，对营养物质分解合成的能力更弱。

二、羔羊的管理措施

羔羊生后1周内,特别是在2～5日龄内发病死亡最多,可占全部死亡的85%以上。羔羊一般2～4月龄断奶,哺乳期是羔羊阶段一生中生长发育最快的时期,此时饲养管理的好坏不但影响羔羊成活率,对以后的生长发育和后期的生产性能影响也极大。因此,必须采取以下管理措施,提高羔羊成活率。

(1)早吃初乳　母羊生后1～5天的乳汁叫初乳,初乳色黄浓稠,营养成分比常乳高得多。吃好初乳,对初生羔羊有特殊作用,可以增强免疫力,降低发病率,提高成活率。因此,羔羊出生后,应在1小时之内吃上初乳。

(2)早开食,早锻炼　在羔羊10日龄左右,开始训练吃草吃料,半月龄每只羔羊每天补饲混合精料50～75克,1～2月龄100克,2～3月龄200克,3～4月龄250克。初生羔羊不能喂玉米糊或小米粥,因羔羊缺乏消化淀粉的酶,未消化的淀粉在肠道发酵易形成腹泻。对孤羔要尽早找上保姆羊,对缺奶羔羊进行牛乳或人工乳补饲,奶温要控制在38～42℃。

另外,要安排好吃奶时间,母仔分群放牧的情况下,母羊早晨出牧,羔羊留圈,直到傍晚归牧才能吃到奶,母羊应就近放牧,中午回来喂一次奶,让羔羊每天早、中、晚都有机会吃奶。

(3)搞好棚圈卫生　羊舍是母仔过夜的场所,要求保持干燥、清洁、温暖、通风良好,特别要防止贼风侵袭。棚圈环境狭小拥挤、阴暗潮湿、闷热、通风不良,常引起羔羊痢疾、肺炎等疾病的发生。羔羊舍内温度以10～25℃为宜。羊舍要勤换垫草,及时清扫,以保持干燥、清洁。

(4)严格执行消毒隔离制度　羔羊容易患肺炎、肠胃炎、脐带炎和羔羊痢疾。对新生羔羊,要认真搞好脐带和哺乳用具消毒;对哺乳期羔羊,如果发现精神不振、食欲差或拉稀,就要及时治疗;对于病情较严重的羔羊要隔离治疗。

三、羔羊育肥

羔羊生长发育快,对植物蛋白的利用率比成年羊高0.5~1倍,当年羔羊当年上市,羊肉质量高,生产成本低。因此,生产中通常以羔羊育肥为主。

1. 育肥方法

羔羊育肥通常分为直线育肥和分段育肥2种。

(1)直线育肥　是指断奶羔羊直接进入育肥场,即羔羊从断奶到育肥结束,都饲喂高营养育肥日粮,并给予精心管理,没有明显的阶段性。其优点是:羔羊增重快,育肥时间短,饲料报酬高,胴体品质好,6月龄前即可上市。

(2)分段育肥　是指羔羊断奶过后,先进行放牧饲养或进入舍饲养殖,待到秋末或冬初,羔羊体格发育达到一定程度后再进行育肥。

2. 影响羔羊育肥效果的因素

影响羔羊育肥效果的因素很多。主要有:品种、营养水平、饲料类型、年龄、性别和季节等。单从性别看,育肥速度最快的是公羊,其次是羯羊,最后为母羊。阉割使羊的生长速度降低,但可使脂肪沉积率增强。另外,羔羊最适生长温度为20~25℃左右,最适季节为春秋季。天气太热或太冷都不利于羔羊育肥。

3. 育肥前的准备

（1）健康检查　通过现场检查，确认无病并经过驱虫、疫苗接种的羊方可进行育肥。

（2）称重　以便与育肥结束时的称重进行比较，检验育肥的效果和效益。

（3）按月龄和体重组群　不同月龄、体重羔羊应分别组群，因为羔羊大小不一、强弱不均，采食的一致性差，不利于提高整体肥育效果。因此在肉羊生产中，最好采取分批同期发情处理技术，使适繁母羊能集中发情、配种，分批集中产羔，以便羔羊集约化肥育，分批供应市场。

（4）进行适应性饲养　羔羊组群后，必须有一个适应性饲养阶段，才能开始肥育。一般经过1～2周的训练，待羊只完全合群并习惯采食育肥饲料后再正式开始育肥。

4. 育肥羔羊的饲养管理要点

（1）饲料原料多样化　要求饲料多样化，适口性好，营养物质丰富，以全混合日粮为佳。饲喂全混合颗粒日粮的羊只，最好早晚供给青干草，任其自由采食。为防止尿结石的发生，在以谷类饲料和棉籽饼为主的日粮中可将钙含量提高到0.5%或加0.25%的氯化铵，避免日粮中钙磷比例失调。

（2）饲喂定时定量　饲喂要定时定量，少喂勤添。如果采用传统的育肥方法，精料饲喂量应根据羊的年龄、体重和粗饲料质量而定，青干草尽量任其自由采食。做到"三先三后一足"，即先草后料，先喂后饮，先拌（料）后喂，饮水要充足。舍饲日粮的供给可利用草架和料槽分别给予的方式，要先喂适口性差的饲料,后喂适口性好的饲料,以免浪费。

(3)注意饲料与环境卫生　做到水、草、料、饲喂用具及圈舍干净与卫生。禁止饲喂霉变饲料。

(4)提供良好的饲养环境　有一定的饲养和活动场地,冬有暖圈,夏有凉棚,圈舍温度最好控制在20～25℃,而且通风、卫生、安静。

(5)保持饲料稳定　育肥期内,尽量避免更换饲料。

(6)自由饮用清洁饮水,冬季不饮雪水和冰水。

第三节　育成羊的饲养管理

育成羊是指羔羊断奶后到第一次配种的羊。刚断奶的羊应当单独组群放牧或舍饲,为了保证其正常生长,需要继续补充精料,并给予特别关照,可选择繁茂的草场放牧。在冬、春季节,除放牧采食外,还应适当补充青干草、青贮饲料或块根块茎饲料。

育成羊处于生长发育阶段,饲养管理不善不仅要影响羊只的生长发育和性成熟,而且可能使其失去种用价值。如日粮中长期缺乏钙磷或钙磷比例失调或维生素D不足,不仅影响生长,而且易出现佝偻病。维生素A不足,则出现皮肤组织角质化,神经系统退化,性机能不良,易感染疾病等。运动量不足也影响其健康发育。因此,必须给予足够的矿物质元素和维生素,并进行适当的运动锻炼。

第四节 种公羊的饲养管理

种公羊要求常年保持中上等膘情，有健壮的体质、充沛的精力。种公羊的饲料首先要求营养全面，适口性好，容易消化，精、青、粗搭配适当，蛋白质的生物学价值高。饲料成分要保持相对稳定，使瘤胃中的各种微生物正常活动不受破坏，羊只能更好地吸收和利用饲料营养，保持良好的体况。其次要注意精粗饲料的合理搭配，不宜饲喂过量的能量饲料，以免过肥。富含蛋白质的精料是种公羊的良好饲料，有利于精液的生成。但蛋白质饲料属于生理酸性饲料，喂量过多易在体内产生大量有机酸，对精子的形成反而不利。青贮饲料属于生理碱性饲料，但本身含有大量有机酸，多喂同样有害。因此在日粮搭配上，要保证优质豆科干草的给量，控制玉米青贮喂量。维生素、食盐和钙、磷等矿物质元素对于促进公羊消化机能、维持食欲和精液品质也很重要，必须按量供应。

种公羊日粮必须根据季节温度的变化进行调整。在寒冷的季节需要较高的能量饲料；而在炎热的夏季，日粮中的能量、蛋白质及干物质的摄入量都应适量减少。日粮应由高质量的禾本科、豆科干草、块根（最好是胡萝卜）以及少量青贮组成。

种公羊在配种前1~1.5个月要开始增加精料喂量并进行采精训练，同时检查精液品质。开始1周采精1次，以后增加到1周2次，到配种时每天可采1~2次，1.5岁种公羊，每天采精1~2次，2岁以上的成年公羊每天可采精3~4次，每周休息1~2天。公羊在采精前不宜吃得过饱，以免影响采精效果。

种公羊还要注意保健运动。饲养人员除了经常给公羊修剪蹄甲、梳理被毛、按摩睾丸外,还要定时驱赶公羊运动,舍饲公羊每日驱赶运动时间不低于4小时(早、晚各2小时),以保持旺盛的精力。

种公羊一般好斗、好动,尤其在配种季节,公羊之间相互打架,体力消耗较大。圈舍离母羊群太近,影响采食。因此种公羊应单圈饲养且远离母羊群。

第三章　饲草饲料

第一节　羊的消化生理特点

一、羊的采食特点

羊没有上门齿和犬齿，采食时利用上唇、舌头和稍向外弓的锐利下门齿共同作用，切断牧草，吞入瘤胃。但在饲料选择方面，具有以下特点：

（1）具有天生性饲料喜好　山羊喜食灌木枝叶，绵羊喜食鲜嫩牧草，这些特性是由遗传及身体的生理结构决定的。

（2）可根据口感调整采食取向　羊在放牧条件下，可根据口感调整采食取向。如当牧草中单宁含量超过2%时（按干物质计算），绵羊会拒绝采食。因此放牧条件下，羊群出现单宁中毒的可能性很小。但羊通常贪食精饲料，如果不限制它们的采食量，就会发生消化不良或酸中毒，甚至导致死亡。

（3）可根据采食后果判断饲料的可食性　羊可将饲料的适口性或风味与某些不适（如胃肠道不适）或愉快的感觉联系在一起，产生"厌恶"或"喜好"。有过某种毒草中毒经历的羊一般不会再次采食同种毒草。

（4）可根据营养需要选择食物　在放牧条件下，羊可根据身体需要选择牧草。在舍饲条件下，它们的选择机会受到限制，但在严重缺乏某种营养素的条件下，羊会强迫自己采食它们并不喜欢的食物或异物，如羊毛、粪土和瓦砾等。

（5）可改变采食行为　羊可以通过模仿、采食经历或人为的训练，对某种饲料产生喜好或厌恶，如在饲喂青贮饲料的初期，大多数羊会拒绝采食，但经过1～2周的诱导训练，可接受并能较好地适应。另一方面，羊的许多行为习性具有较大的可塑性，会随着环境条件的变化而变化。如长期放牧的羊，经过一段时间的舍饲后，再回到草场上，就不会啃食牧草，需要1～2周的训练才能恢复。

另外，与成年羊相比，羔羊更容易接受某种风味。

二、反刍

反刍是羊的主要消化行为，包括逆呕—再咀嚼—再混合唾液—再吞咽这样一个过程，当羊采食停止后或休息时，把经瘤胃液浸泡的饲草逆呕成一个食团于口中，经反复咀嚼后再吞咽入瘤胃，然后再逆呕咀嚼另一个食团。羊一天内可逆呕食团500个左右。反刍活动是食欲正常的反映，可保证羊在单位时间内采食最大量的食物。影响羊反刍时间的因素很多，如饲料的种类和品质、日粮的调制方法、饲喂方式、气候、饮水以及羊的体况等。一般来说，牧草含水量大，反刍时间短；日粮纤维含量高和采食长干草时，反刍时间长；当羊过度疲劳、患病、受到外界的强烈刺激或长期采食单一颗粒饲料时，会出现反刍紊乱或停止。病羊如果出现食欲废绝、反刍停止，就表明其病情已十分严重。

羔羊出生后40天左右便出现反刍行为。早开食可刺激前胃发育,提早出现反刍行为。

三、消化吸收特点

1. 胃的消化吸收特点

羊有四个胃室,分别是瘤胃、网胃、瓣胃和皱胃。前三个胃没有腺体组织,不能分泌消化液,对饲料起发酵和机械性消化作用,统称为前胃。皱胃也叫真胃。成年绵羊四个胃总容积约为30升,山羊为16升左右,相当于整个消化道容积的67%左右。

(1) 瘤胃 瘤胃容积较大,约占胃总容积的78%,是羊摄入饲料的临时"贮藏库",可保证羊在短时间内采食大量饲料。瘤胃也是一个微生物密度高、调控严密的生物发酵罐,瘤胃内温度达40℃左右,pH值在6~8之间,寄生着60多种微生物,包括厌氧性细菌、原虫、厌氧真菌等,每毫升瘤胃液中含细菌5亿~10亿个、原虫2000万~5000万个。这些微生物可为羊提供非常重要的功能性作用。

瘤胃虽然不能分泌消化液,但胃壁强大的纵形环肌能够强有力地收缩与松弛,进行节律性蠕动,以搅拌食物。胃黏膜表面有无数密集的角质化乳头,有助于食糜与胃壁接触。另一方面,瘤胃内存在大量的细菌和纤毛原虫等,这些微生物的主要作用是:

① 分解消化粗纤维 羊本身并不能产生分解粗纤维的酶,必须借助于微生物活动产生的纤维分解酶,把粗饲料中的粗纤

维分解成容易被消化吸收的碳水化合物,通过瘤胃壁吸收利用,作为羊主要的能量来源。羊通过瘤胃微生物对日粮营养物质的发酵、分解所得到的能量,占羊能量需要量的40%~60%。

② 合成菌体蛋白,改善日粮的粗蛋白品质 羊日粮中的含氮物质(包括蛋白质和非蛋白质含氮化合物)进入瘤胃后,大部分会经过瘤胃微生物的分解,产生氨和其他低分子含氮化合物。瘤胃微生物再利用这些低分子含氮化合物来合成自身的蛋白质,以满足繁殖的需要。随食糜进入真胃和小肠的微生物,可被消化道内的蛋白酶分解,成为肉羊的重要蛋白质来源。日粮中低品质的植物性蛋白质和非蛋白氮经过瘤胃微生物的分解和合成作用,其必需氨基酸含量可提高5~10倍。试验表明,用禾本科干草或农作物秸秆饲喂绵羊时,由瘤胃转移到真胃的蛋白质约有82%属于菌体蛋白。可见,瘤胃微生物在羊的蛋白质营养供给方面具有重要的作用。

③ 合成维生素 维生素B_1、维生素B_2、维生素B_{12}和维生素K是瘤胃微生物的代谢产物,到达小肠后可被羊吸收利用,满足羊对这些维生素的需要。因此,成年羊一般不会缺乏这几种维生素。在放牧条件下,羊也很少发生维生素A、维生素D和维生素E缺乏。但是,如果长期缺乏青饲料,羊就会出现维生素A、维生素D和维生素E缺乏症,尤其是种公羊、生长期幼龄羔羊和妊娠后期母羊更容易发生。因此,必须在日粮中添加这几种维生素或饲喂富含维生素的青绿多汁饲料或青贮饲料,以满足羊的健康、生长发育及生产需要。

(2)网胃 网胃呈球形,约占胃总容量的7%,因内壁分隔成很多如蜂巢状的网格,故又称蜂巢胃。第一、二胃紧连在一起，其消化生理作用基本相似，除机械作用外，也可利用微生物进行分解消化食物。网胃如同筛子，起着饲料过滤作用，将随饲料吃进去的钉子、泥沙都留在其中，因此网胃又被称为"硬胃"。

（3）瓣胃　瓣胃又名百叶胃，占胃总容量的6%~7%，内壁有无数纵列的褶膜，对食物进行机械性压榨，可将食物中的粗糙部分阻留下来，继续加以压磨，同时吸收食糜中大量水分、挥发性脂肪酸以及钙、磷等物质，减少食糜体积并将其送入皱胃。

（4）皱胃　皱胃又称真胃，类似单胃动物的胃，占胃总容量的7%~8%。胃壁黏膜有腺体分布，具有分泌盐酸和胃蛋白酶的作用，可对食物进行化学性消化。

羊胃的大小和机能，随年龄的增长发生变化。初生羔羊的前三胃很小，结构还不完善，微生物区系尚未健全，不能消化粗纤维，只能靠母乳生活。羔羊吸吮的母乳不接触前三胃的胃壁，而是靠食道沟的闭锁作用，直接进入真胃，由真胃凝乳酶进行消化。但随着日龄的增长，前三胃不断发育完善。早开食，可促进瘤胃发育，即采食的植物性饲料可为微生物的繁殖创造营养条件，逐步建立起完善的微生物区系，反过来稳定的微生物区系又利于羊更好地消化利用植物饲料。因此，羔羊一般在生后10~14天便开始补饲一些容易消化的优质青干草和混合料。通过早开食，早锻炼，羔羊在7周龄时瘤胃就可以发育完全。如果羔羊不及时采食植物性饲料，则瘤胃发育缓慢，进而影响整个机体的生长发育。

2. 小肠的消化吸收特点

羊的小肠细长曲折，长度为17～34米（平均约25米），相当于体长的26～27倍。肠黏膜中分布有大量的腺体，可以分泌蛋白酶、脂肪酶和淀粉酶等消化酶类。小肠越长，吸收能力越强，胃内容物进入小肠后，在各种酶的作用下进行消化，分解为一些简单的营养物质经绒毛膜吸收。尚未完全消化的食物残渣则与大量水分一道，随小肠蠕动而被推进到大肠。

3. 大肠的消化吸收特点

羊的大肠直径比小肠大，但长度为4～13米（平均约7米），无分泌消化液的功能，其作用主要是吸收水分和形成粪便。小肠内未完全消化的食物残渣，可在大肠内微生物及食糜中的酶的作用下继续消化和吸收。水分被吸收后的残渣形成粪便，排出体外。

4. 绵、山羊的消化生理差异

与绵羊相比，山羊有以下特点：

（1）食量大，食谱广　从体格大小的比例来看，山羊采食的饲草是绵羊的2倍。正常情况下，山羊采食的容量占身体的25%～40%。

（2）善游走，喜攀登　绵羊与山羊合群放牧时，山羊总是走在前面抢食，绵羊则慢慢跟在后面低头啃食；山羊每天采食行走的路程比绵羊多1/3。山羊可以直上直下60°的陡坡，而绵羊则需要斜向作"之"字形游走。

（3）喜清洁卫生　山羊的味觉更敏感。在正常情况下，山羊不会选择其他羊刚采食过的牧草，拒绝饮用被污染水。但长期舍饲或在不良环境饲养的山羊也会接受不清洁饲料。绵羊则从来就不像山羊那么爱清洁，可采食其他羊刚采食或践踏过的牧草，因此容易感染消化道疾病或寄生虫病。

第二节 各种营养素的功能与利用

羊的营养需要是指羊在生存、生长及生产过程中，所需要的各种营养成分的总和。可划分为维持需要和生产需要。维持需要主要用于基础代谢、自由活动和维持体温。生产需要包括生长需要、妊娠需要、产奶需要等。羊摄取的营养物质首先满足维持需要，满足维持需要后的剩余养分才用于生产需要。维持需要占总摄取养分的比例越低，用于生产需要的比例就越高，饲养效益就越好。羊需要的营养物质包括蛋白质、碳水化合物、脂肪、矿物质、维生素和水等。

一、蛋白质

蛋白质是给动物体提供氮素的物质，也是细胞的主要组成部分，参与动物代谢的大部分化学反应，在生命过程中起着重要作用。

1. 蛋白质的营养与生理功能

（1）维持正常生命活动、构建组织器官 蛋白质不仅是羊的肌肉、皮肤、血液、神经、结缔组织、腺体、精液等的主要成分，而且在体内起着传导、运输、支持、保护、连接、运动等多种功能性作用。由于构成各组织器官的蛋白质种类不同，不同的组织器官具有各自特异性生理功能。

（2）构成各种酶、激素和抗体　蛋白质是动物体内各种酶、激素和抗体的主体成分，并在维持体内渗透压和水分的正常分布方面起着重要作用。

（3）为机体提供热能　在动物体内营养不足时，蛋白质可分解供给能量，维持机体代谢活动。当蛋白质摄入过剩时，也可转化成糖、脂肪或分解产生热能，供机体代谢之用。

（4）更新和修补机体组织　蛋白质的营养作用是碳水化合物、脂肪等营养物质所不能代替的。在羊体的新陈代谢过程中，蛋白质起着更新和修补组织的主要原料的作用。肉羊缺乏蛋白质饲料时，会出现消化功能减退、体重减轻、生长发育受阻、抗病力下降，严重缺乏时可导致肉羊死亡。日粮中蛋白质水平过低，还会影响羊对其他营养物质的吸收和利用，降低日粮的利用效率，对肉羊生产造成极为不利的影响。羊瘤胃内的微生物可以利用非蛋白氮合成羊可以利用的微生物蛋白质，但这部分蛋白质远远不能满足羊的需求量，因此，蛋白质还必须通过饲料供给。

2. 蛋白质的消化吸收

蛋白质在羊真胃和小肠中的消化与单胃动物基本相同。但由于瘤胃微生物的作用，使羊对蛋白质和其他含氮化合物在瘤胃的消化、利用与单胃动物又有较大的差异。

（1）蛋白质在瘤胃的降解　饲料蛋白质进入瘤胃后，一部分在瘤胃中不发生变化而直接进入瘤胃后消化道（真胃和小肠）进行消化吸收，这部分蛋白质称瘤胃不降解蛋白质。另一部分蛋白质称为瘤胃降解蛋白质，它在瘤胃中被微生物作用而降解为多肽和氨基酸。瘤胃中氨基肽酶的活性很高，多肽一般首先被二肽酶切下一个二肽（而不是一个氨基酸），切下的二肽再被相应的肽酶降解为游离氨基酸，其中大部分氨基酸又进一步降解为有机酸、氨和二氧化碳。饲料中的非蛋白质含氮化合物（如尿素）在瘤胃中也被降解为氨。

（2）蛋白质降解产物的吸收　瘤胃中产生的氨除部分被用于合成微生物蛋白质外，其余的氨经瘤胃壁吸收入血液，并随血液进入肝脏而被合成尿素。合成的尿素一部分经唾液或直接通过瘤胃壁返回瘤胃而被微生物再利用。这种氨和尿素的循环称为瘤胃氮素循环。瘤胃中合成的微生物蛋白质（主要是菌体蛋白）进入真胃和小肠后，与饲料蛋白质一样，被消化吸收。瘤胃降解产生的小肽除部分用于合成微生物蛋白外，也可直接通过胃壁被吸收，未被胃吸收的肽，可进入小肠再被进一步消化吸收。

3. 蛋白质的供给

各类饲料中的粗蛋白质含量不同。其中饼粕类为30%～45%，豆科籽实类为20%～40%，糠麸类为10%～17%，豆科干草类为9%～12%，秸秆类为3%～6%，块根类为0.5%～1%。在肉羊饲养中，应根据饲料的来源、价格以及肉羊的饲养标准或要求配制日粮。羔羊育肥期的日粮粗蛋白质含量可达16%～18%，成年羊育肥日粮中的粗蛋白质水平可降至12%～14%。非蛋白氮（如尿素）可以用作羊非蛋白氮补充饲料，以节省饲料蛋白质。

二、碳水化合物

碳水化合物亦称糖类化合物，是自然界存在最多、分布最广的一类重要的有机化合物。主要由碳、氢、氧所组成。葡萄糖、蔗糖、淀粉和纤维素等都属于糖类化合物。在植物组织中，碳水化合物的含量一般占干物质的50%～75%，在一些谷物籽实中，其含量可高达80%。碳水化合物是一类重要的营养素，它是动物生产中的主要能源，在动物饲料中占一半以上。

1. 碳水化合物的营养与生理功能

（1）维持羊体生命活动　如葡萄糖不仅是大脑神经系统、肌肉、脂肪组织、胎儿生长发育、乳腺等代谢的唯一能源，而且是维持正常体温的必需物质。葡萄糖供给不足时，羊易出现妊娠毒血症或死亡。黏多糖也是保证多种生理功能实现的重要物质。

（2）形成羊体组织　碳水化合物是形成羊体组织的重要成分之一。其中五碳糖是细胞核酸的组成成分，半乳糖与类脂肪是神经组织的必需物质，许多糖类与蛋白质化合而成糖蛋白，低级核酸与氨基化合形成氨基酸。

（3）形成羊产品　碳水化合物是形成羊产品的重要物质。如葡萄糖可以合成乳糖，并参与部分羊奶蛋白非必需氨基酸的形成。

（4）维持羊消化机能　碳水化合物是维持羊正常消化机能所必需的营养。如粗纤维除了为羊体提供能量及合成葡萄糖和乳脂的原料外，还能刺激消化道黏膜，刺激消化道蠕动，促进未消化物质的排除，保证消化道的正常机能。

饲料中的碳水化合物主要是淀粉和纤维素类物质，它们主要经过羊的瘤胃微生物作用而被分解、吸收。

2. 羊对碳水化合物的消化利用

（1）前胃的消化吸收　羊前胃对碳水化合物的消化主要依靠瘤胃微生物来完成。在细胞外微生物淀粉酶的作用下，淀粉先分解为麦芽糖、异麦芽糖，再经麦芽糖酶、麦芽糖磷酸化酶或1,6-葡萄糖苷酶作用生成葡萄糖或6-磷酸葡萄糖，然后，在细胞内微生物酶作用下，将葡萄糖转化为乙酸、丙酸、丁酸等挥发性脂肪酸，同时生产甲烷和热量。因此，肉羊日粮中淀粉比例越高，甲烷的产量就越大，日粮能量利用效率就越低。同时，淀粉高时，瘤胃产酸速度就快，pH值下降就快，当pH值降到4～4.5时，纤维分解菌的增长就受到抑制，从而导致瘤胃酸中毒和消化紊乱。反刍动物日粮中淀粉的比例不宜过高。

淀粉发酵产生的挥发性脂肪酸，约75%经瘤胃壁吸收，20%经皱胃和瓣胃吸收，5%经小肠吸收。吸收速度取决于碳原子的多少，碳原子越多，吸收就越快。因此，丁酸吸收最快，丙酸次之，乙酸最慢。部分挥发性脂肪酸在通过前胃壁过程中可转化形成酮体，其中丁酸的转化可占吸收量的90%，乙酸转化量很低。转化量超过一定的限度会发生酮血症，这是高精料饲养反刍动物存在的潜在危险。

（2）小肠的消化吸收　瘤胃中未消化的淀粉与糖转移至小肠，在小肠中受胰淀粉酶的作用，变为麦芽糖，在胰麦芽糖酶与肠麦芽糖酶的作用下，分解为葡萄糖。蔗糖受肠蔗糖酶的作用，变为葡萄糖与果糖，果糖又可变为葡萄糖，葡萄糖被肠壁吸收，参与代谢。其过程与单胃动物相似。

（3）挥发性脂肪酸的代谢　肉羊淀粉消化产物以挥发性脂肪酸为主。挥发性脂肪酸吸收入血液后，其中的乙酸可经磷酸化转变为乙酰辅酶A，进入三羧循环氧化可净生成10分子的ATP，乙酸通过血液输送到乳腺，通过乙酸的缩合作用以合成乳脂肪中的一系列短链脂肪酸；丙酸被吸收后，通过门脉进入肝脏转变为葡萄糖，它是反刍动物体内葡萄糖的主要来源；丁酸主要以酮体形态被机体吸收，主要以乙酰辅酶A参与机体代谢，是乳脂肪中的一种短链脂肪酸，也可与乙酸辅酶A缩合形成较高的脂肪酸，每1分子的丁酸可净生成25分子的ATP。

3. 碳水化合物的供给

碳水化合物来源丰富，成本低廉，一般情况下，羊不会缺乏，但病弱羊、妊娠母羊和哺乳母羊应注意补充。在妊娠后期，胎儿发育快，对能量需要量大。怀单羔母羊的能量总需要量是维持需要量的1.5倍，怀双羔母羊的能量总需要量是维持需要量的2倍。绵羊在产后12周泌乳期内，有65%～83%的代谢能转化为奶能，带双羔母羊的转化率更高。在北方地区，寒冷的冬季，羊只必然消耗大量的能量以保持体温和维持正常代谢，寒冷使瘤、网胃的活动增强，缩短了食物在其中的滞留时间，使食物的表观消化率下降。因此，需要补充更多的能量饲料来维持体能。

三、脂类

脂类是一类高能物质，动物体内是以脂肪形式贮备能量的。脂类是动物营养中重要的一类营养素，其种类繁多，化学组成各异。常规饲料分析中将这类物质统称为粗脂肪。脂类广泛存在于动、植物组织中，其中以动物性饲料、糠麸类和各种饼粕类饲料含量较高，成熟后的作物秸秆含量较低。

1. 脂类的营养与生理功能

（1）用作能源　脂类作为羊能量来源的一部分，也是贮存能量的最好形式。脂肪是含能量最高的营养素，所产的热能是蛋白质和碳水化合物的2.25倍左右。

（2）构成羊体组织细胞　脂类是组成羊体组织细胞的重要成分。如神经、肌肉、血液等均含有脂肪。各种组织的细胞膜是由蛋白质和脂肪按照一定比例所组成。脂肪也参与细胞内某些代谢调节物质的合成。糖脂类可能在细胞膜传递信息的活动中起着载体和受体作用。

（3）溶解脂溶性维生素　脂肪是脂溶性维生素的溶剂。饲料中缺乏脂肪时，脂溶性维生素的消化代谢发生障碍，羊可表现出维生素缺乏症。

（4）为动物提供必需脂肪酸　在羔羊的生长过程中，必须通过饲料提供所需的必需脂肪酸，包括亚油酸、亚麻酸和花生油酸。羊缺乏必需脂肪酸时，会出现皮肤角质化、毛细变脆、免疫力下降、生长受阻、繁殖力下降等现象，甚至导致死亡。羔羊反应更敏感。

（5）构成羊产品　脂类也是构成羊产品（乳、肉等）的重要成分。

2. 羊对脂类的消化与利用

（1）脂类在瘤胃的消化　瘤胃脂类的消化，实质上是微生物的消化，主要区别在于瘤胃微生物对饲料脂肪的重新改造及微生物体脂肪的合成。饲料脂类进入瘤胃后，由瘤胃细菌产生的脂肪酶把甘油三酯分解成为脂肪酸和甘油，甘油很快被微生物分解转化成挥发性脂肪酸。细菌分泌的磷脂酶将磷脂水解。

饲草中含有大量半乳胭脂，由瘤胃微生物分泌的脂肪酶将其分解为半乳糖和甘油，二者随后又被细菌转化为挥发性脂肪酸。结果是使脂类的质和量发生明显变化。

（2）脂类在小肠的消化　进入十二指肠的脂类由吸附在饲料颗粒表面的脂肪酸、微生物脂类以及少量瘤胃中未消化的饲料脂类构成。由于脂类中的甘油在瘤胃中被大量转化为挥发性脂肪酸，所以肉羊十二指肠中缺乏甘油一酯，消化过程形成的混合微粒构成与非反刍动物不同。成年肉羊小肠中混合微粒由溶血卵磷脂、脂肪酸及胆酸构成。链长小于或等于14个碳原子的脂肪酸可不形成混合乳糜微粒而被直接吸收。混合乳糜微粒中的溶血性卵磷脂由来自胆汁和饲料的磷脂在胰脂酶作用下形成，此外由于成年反刍动物小肠中不吸收甘油一酯，其黏膜细胞中甘油三酯通过磷酸甘油途径重新合成。

肉羊胰脂肪酶对脂肪的消化主要在空肠后部进行，这是因为进入十二指肠和空肠前部的脂肪酸多，其内容物酸性比单胃动物高，不利于脂肪乳化，使得胰脂肪酶难以充分发挥对脂肪的水解作用。在这里，胰磷脂酶将卵磷脂水解为脂肪酸和溶血卵磷脂，后者可加强乳糜微粒的形成。

由于肉羊消化道对脂类的消化损失较小，加之微生物脂类的合成，所以进入十二指肠的脂肪酸总量可能大于摄入量。绵羊饲喂高精料饲料，进入十二指肠的脂肪酸量是采食脂肪酸的104%。

（3）脂类消化产物的吸收　瘤胃中产生的短链脂肪酸主要通过瘤胃壁吸收。其余脂类的消化产物，进入回肠后都能被吸收。酸性环境的空肠前段主要吸收混合微粒中的长链脂肪酸，脂肪的消化产物在空肠前部仅被吸收15%～26%，中后段空肠主要吸收混合微粒中的其他脂肪酸，溶血磷脂酰胆碱也在中、后段空肠吸收，脂肪的大部分是在空肠的后3/4部位被吸收的。反刍动物对饱和脂肪酸和长链脂肪酸，尤其是对硬脂酸能够较好地吸收。胰液分泌不足，磷脂酰胆碱可能在回肠积累。

由于反刍动物瘤胃微生物可将饲料中的不饱和脂肪酸氢化为饱和脂肪酸，并且在空肠后部又能较好地吸收长链脂肪酸和饱和脂肪酸，因此反刍动物的体脂肪组成中饱和脂肪酸比例明显高于非反刍动物，而不饱和脂肪酸较少。这就是牛羊等反刍动物体脂肪硬度高于猪鸡等非反刍动物的原因。

3. 脂类的供给

瘤胃微生物合成的脂肪能满足羊对脂肪需要的20%，常用饲料中脂肪也比较丰富。羊除了长期饲喂单一饲料或劣质饲料的情况外，一般不会缺乏脂肪。因此，不需要另外补充。

四、维生素

维生素也是羊体必需的营养物质，有控制、调节代谢的功能，对维持羊的健康、生长发育和繁殖具有十分重要的作用。维生素可分为脂溶性和水溶性2类。

1. 脂溶性维生素

脂溶性维生素是指不溶于水、可溶于脂肪及其他脂溶性溶剂的维生素，在消化道随脂肪一同被吸收。

（1）脂溶性维生素的营养与生理功能

①维生素A（视黄醇） 维生素A只存在于动物体中。植物不含维生素A，而只含有维生素A源——胡萝卜素。1分子β-

胡萝卜素在动物肠壁中，经酶的作用生成2分子维生素A。羊将β-胡萝卜素转为维生素A的能力只有30%。维生素A与动物的视觉、繁殖、骨骼生长发育以及免疫等均有关。羊长期过量或突然摄入过量的维生素A均可引起中毒，其中毒量一般为需要量的30倍。

②维生素D 维生素D有多种存在形式，与羊健康关系较密切的是存在于植物中的维生素D_2和维生素D_3（麦角钙化醇和胆钙化醇）。其基本功能是促进肠道钙磷吸收，提高血液钙磷水平，促进骨骼正常钙化，同时影响动物的免疫功能。日粮维生素D可提高血清中的维生素A含量。因此，在日粮中添加维生素A的同时，一般应添加维生素D，以提高机体代谢水平，加强钙、磷的吸收。但如果维生素D添加过量，就会引起中毒。羊连续饲喂超过需要量4~10倍达60天就可出现软骨生长受阻、食欲和体重下降、血钙升高、血液磷酸盐降低等症状。维生素D_3的毒性比维生素D_2大10~20倍。

维生素D是一种固醇类衍生物，共有6~8种之多，其中与动物健康关系较密切的是维生素D_2（麦角钙化醇）和维生素D_3（胆钙化醇）。维生素D在豆科植物中含量较多，在其他植物性饲料中含量极少。但植物中的麦角醇为维生素D_2原，在紫外线的照射下，其中一部分可转变为麦角钙化醇（维生素D_2）；动物皮肤颗粒层中的7-脱氢胆固醇为维生素D_3原，在紫外线的照射下，可转变为胆钙化醇（维生素D_3），贮存于动物肝脏。但光照不足或消化吸收障碍可导致绵、山羊钙磷吸收和代谢障碍，发生以骨骼发育受阻（如软骨症和骨骼变形）为特征的维生素D缺乏症。

③维生素E（α-生育酚）　维生素E广泛分布于饲料中，其中以青绿饲料（如苜蓿）和种子的胚芽中最丰富，通常情况下对动物无毒。维生素E不仅是一种抗氧化剂和免疫增强剂，而且对维持动物正常繁殖性能和提高肉质有重要作用。

④维生素K（甲萘醌）　维生素K是维持动物血液凝固系统功能不可缺少的物质，广泛存在于各类饲料中，羊瘤胃可以合成足够的维生素K，故一般不会缺乏，但某些异常原因有可能影响维生素E的摄取或降低其生物效能，Rice等（1989）认为在春季嫩草中含有导致腹泻的因子，它降低维生素E的吸收。由于该因子与血液尿素呈正相关，而尿素为日粮蛋白质分解产物，该化合物很可能是一种天然蛋白质。另外，真菌毒素也可降低日粮维生素E的吸收。

（2）羊对脂类的消化与利用　脂溶性维生素包括维生素A、维生素D、维生素E和维生素K。在消化道内随脂肪一同被吸收，吸收的机制与脂肪相同，凡有利于脂肪吸收的条件，均有利于脂溶性维生素的吸收。脂溶性维生素以被动的扩散方式穿过肌肉细胞膜的脂相，主要经胆囊从粪中排出。

（3）脂溶性维生素的供给　一般来说，饲料越绿，胡萝卜素和维生素E含量越高。鲜嫩牧草的胡萝卜素含量远远高于干黄牧草和作物秸秆。因此，羊日粮中应注意供给足够的青绿饲料、多汁饲料和青干草，以满足维生素A和维生素E。维生素K可由羊瘤胃微生物合成，故不需要考虑供给问题。常年放牧羊群一般不会缺乏维生素D，也不需要额外补充。但舍饲羊群应注意优质青干草（如豆科牧草）的供给和舍外活动时间。对于维生素D缺乏的绵羊，可参考表3-8所列标准供给。

2. 水溶性维生素

水溶性维生素包括整个B族维生素和维生素C（抗坏血酸）。

（1）水溶性维生素的营养与生理功能　水溶性维生素都是动物代谢所必需的。B族维生素主要作为辅酶，催化碳水化合物、脂肪和蛋白质代谢中的各种反应。长期缺乏可引起代谢紊乱和体内酶活力降低。维生素C广泛参与动物体内多种生化反应。

（2）肉羊对水溶性维生素的利用　水溶性维生素不需消化，直接从肠道吸收后，通过循环到机体需要的组织中，多余的部分大多由尿排出，在体内贮存甚少。

（3）水溶性维生素的供给

①除瘤胃功能不健全的羔羊外，羊瘤胃微生物可以合成足够的B族维生素，无须另外补充。但对于维生素B_{12}，必须在饲料中供应足够的钴，保证细菌合成足够的维生素B_{12}。

②羊在妊娠、泌乳和甲状腺功能亢进的情况下，维生素C吸收量减少、排泄量增加，需要补充。

③羊在高温、寒冷、运输等应激条件下以及日粮能量、蛋白质、维生素E、硒和铁等不足时，对维生素C的需要量增加，需要补充。

④在大量使用抗生素时，某些水溶性维生素的利用会受到影响，应在饲料中适当补充。

五、矿物质

矿物元素是动物营养中的一大类无机营养素。自然界存在的矿物元素有60多种，羊所必需的有27种。矿物元素在羊体内的含量虽然很低，但具有参与体内各种生命活动的作用，如构成羊体组织器官，调节体内渗透压和酸碱平衡，维持细胞膜渗透性及神经肌肉的兴奋性等，是保证羊生长、发育、繁殖、育种、泌乳和健康不可缺少的营养物质。羊体内缺乏矿物元素，会引起神经系统、肌肉系统、肌肉运动、食物消化、营养输送、血液凝固和体内酸碱平衡等功能紊乱，影响羊体健康、生长发育、繁殖和羊产品产量，乃至死亡。因此，必须注意补充。矿物质又分为常量元素和微量元素。常量元素是指在动物体内的含量大于体重0.01%的元素，如钙、磷、钠、钾、氯、镁、硫等；微量元素是指在动物体内的含量小于体重0.01%的元素，如铁、铜、钴、碘、锰、锌、硒、钼、氟、硅、铬等。羊日粮中通常需要考虑添加的矿物质有：钙、磷、钠、钾、氯、铁、铜、钴、碘、锰、锌、硒等。

1. 常量元素

羊需要的常量元素主要有：钙、磷、钠、钾、氯、镁、硫7种。

（1）常量元素的营养与生理功能

①钙和磷　钙和磷是动物体内含量最多的矿物元素，也是配合饲料中添加量最大的营养物质。正常的钙、磷比例为2∶1左右。

钙作为动物体结构组成物质参与骨骼和牙齿的组成，通过调节神经传递物质释放，调节神经兴奋性；通过神经体液调节，改变细胞膜通透性，使钙离子进入细胞内触发肌肉收缩；同时激活多种酶的活性，促进胰岛素、儿茶酚胺、肾上腺皮质固醇，甚至唾液等的分泌。钙还具有自身营养调节功能，在外源钙不足时,沉积钙(特别是骨钙)可大量分解,供代谢循环需要。

磷除了与钙一起参与骨骼和牙齿结构组成以保证其结构完整性外,主要参与体内能量代谢,促进营养物质的吸收,保证生物膜的完整,并作为重要生命物质DNA、RNA和一些酶的结构成分,参与许多生命活动过程。

羊钙、磷缺乏时,出现佝偻病、骨疏松症和产后瘫痪等。磷的含量不足时,羊对传染病的抵抗力和采食量大大下降,胡萝卜素转化为维生素A的能力降低。

②钠、钾、氯　动物体内的这3种元素主要分布在体液和软组织中,起着维持渗透压、调节酸碱平衡、控制水代谢等作用。钠对传导神经冲动和营养物质吸收起重要作用;钾离子影响神经肌肉的兴奋性,细胞内钾参与糖和蛋白质的代谢。

各种饲料都较缺乏钠,其次是氯,钾一般不缺。但缺乏其中任何一种元素,羊都会表现出食欲差,生长缓慢或体重下降,皮肤粗糙,繁殖机能下降,饲料利用率低等现象。育肥羊日粮中的精饲料或非蛋白氮比例过高或大量使用玉米青贮等饲料可导致缺钾症。

③镁　镁不仅是骨骼、牙齿及许多酶(如磷酸酶、氧化酶、激酶、肽酶和精氨酸酶)的组成成分,而且参与DNA、RNA和蛋白质的合成,调节神经肌肉兴奋性,保证神经肌肉的正常功能。

羊的镁需要量约为日粮的0.2%。缺镁时,表现出厌食、生长受阻、过度兴奋、痉挛和肌肉抽搐,严重缺镁可导致死亡。但镁过量也可致羊中毒,其表现为:采食量和生产力下降、昏睡、运动失调和腹泻，严重时可引起死亡。

④硫　羊体内约含有0.15%的硫，少量以硫酸盐的形式存在于血液中，大部分以有机硫的形式存在于肌肉组织、骨骼和牙齿中，羊毛的含硫量高达4%左右。硫的作用主要是通过体内含硫有机物实现。含硫氨基酸合成体蛋白、被毛以及许多激素，还可合成软骨素基质、牛黄素等。硫是辅酶A、硫胺素、黏多糖的成分，参与胶原和结缔组织的代谢。

羊利用非蛋白氮且饲料氮、硫比例大于10∶1时，易出现硫缺乏症，采食量和利用纤维素的能力下降，羊毛生长缓慢。羊的硫中毒现象很少见，但如果用无机硫作添加剂，用量超过0.3%～0.5%时，可引起厌食、便秘、腹泻、失重、抑郁等症状，严重时可导致死亡。

（2）常量元素的供给

①补钙和磷　多数牧草和饲料都含有适量的钙，一般都能满足羊的需要。玉米含钙量较低，饲喂劣质粗饲料的羊，必须补充一定量的钙。成熟的饲料作物和牧草一般都缺磷，长期饲喂这些饲料应注意补充磷盐。羊对钙磷的利用必须有维生素D和镁的参与。生长速度较快的羔羊、早期断奶羔羊、妊娠和哺乳期母羊、繁殖季节的公羊饲料应适当提高其中的钙、磷浓度。

②注意日粮钙含量和钙磷比例，按照羊群不同生理阶段的需求予以及时调整。绵、山羊日粮正常的钙磷比例应为1.5～2∶1，但在母羊妊娠后期及哺乳期，钙的消耗量更大，钙磷比例可调整为2.25∶1。除了多喂含钙量较高的苜蓿、白三叶以及谷实类、饼粕和糠麸类饲料外，还可以通过在饲料中添加钙制剂（如石粉、贝壳粉等）予以补充。

③改善饲养管理条件,增加运动量,增加羊舍的采光面积和羔羊的日照时间。

④对表现出缺钙症状的羊只,首先要查明原因。如果钙磷是等比例缺乏,可用磷酸氢钙予以补充;如钙磷不是等比例缺乏,可用石粉或贝壳粉补充。对有缺钙病史或有前兆的母羊可静脉注射10%的葡萄糖酸钙或者5%的氯化钙,同时补充维生素D。

(3)补食盐 所有羊只都必须补充食盐以满足羊体氯和钠元素的需求。羊对食盐的日需要量为5~10克,可利用以下措施予以补充:

①饮水补盐 在每千克饮水中加入食盐0.5~1克,并经溶解和搅拌均匀后让羊饮用。水中食盐的添加量应根据羊的日粮组成和饮水量来决定。如在春末和夏初,牧草水分含量高,钠含量低,而且饮水量不大,每千克饮水中食盐量可调整到1克。但在饮水能够满足供应和自由饮用、精饲料日饲喂量较大或粗饲料以青干草为主的舍饲条件下,每千克饮水的食盐量应降至0.5克左右。

②饲料补盐 为了补盐,通常在配合饲料中加入1%~2%的食盐。饲料中盐的添加量取决于配合饲料的日饲喂量、饮水量和日粮组成。羔羊饲料盐的添加量控制在1%左右。

③自由啖盐 将食盐单独放在专用盐槽里让羊自由舔食,即所谓的"啖盐"。

④盐砖补盐 盐砖是以食盐为载体,添加钙、磷、碘、铜、锌、锰、铁、硒等元素,经过一定工艺制成的中间有孔的圆形盐块。使用时可吊挂在羊舍或运动场,任羊自由舔食,舔食盐砖也是另一种形式的"啖盐"。

（4）补镁

① 在精料中添加菱镁矿石粉，每天每只羊可按8克加入，或者加入氧化镁，每天每只羊按7克加入（相当于4.22克镁）。补饲开始即产生保护作用，停止补饲其作用立即中断。

②改善草场植被中的镁含量。每公顷草地喷洒14千克菱镁矿石粉，或者在肥料中加入氧化镁，都可预防羊缺镁症的发生。

（5）补硫

①补充蛋氨酸。羊对蛋氨酸硫的利用率可达100%，羔羊缺硫时，可通过补充蛋氨酸，提高日粮硫水平。

②在日粮中选择添加硫酸钠、硫酸钙、硫酸钾或硫酸铵。这类硫化物都可以通过混合饲料予以补充，但其中的硫利用率较低，仅为60%～80%，而且其补充量不宜超过饲料干物质的0.1%。其用量超过0.3%～0.5%时，可使羊产生厌食、失重、便秘、腹泻、抑郁等毒性反应，严重时可导致死亡。因此，要严格控制添加量。

③通过增加富硫饲料（如饼粕类、谷实和糠麸）的饲喂量或放置含有硫元素地舔砖予以补充。

④绵山羊在补充非蛋白氮时，也要补充硫，并将氮硫比例调整到10∶1之间。

2. 微量元素

微量元素是指在动物体内的含量小于体重0.01%的元素。目前查明的有20种，其中羊易缺乏元素约有10种。

（1）微量元素的营养与生理功能

①铁　铁广泛存在于动、植物体内，糠麸类和饼粕类中

均富含铁。铁主要用于合成血红蛋白、肌红蛋白和呼吸酶类。参与体内物质代谢并具有抗感染作用。长期喂奶的羔羊易出现低色素小红细胞性贫血，即皮肤黏膜苍白，食欲减退，生长缓慢，体重下降，舌乳头萎缩，呼吸频率加快，抗病力弱，严重时死亡。铁过量，也会引起中毒，表现为瘤胃迟缓、腹泻及肾功能障碍，甚至死亡。

②铜　饲料作物中的含铜量受土壤铜浓度的影响，一般籽实类饲料中含量较少，饼粕类含量较多。铜的主要营养与生理功能体现在3个方面。第一，作为金属酶组成成分直接参与体内代谢。第二，维持铁的正常代谢，有利于血红蛋白合成和红细胞成熟。第三，参与骨骼形成。铜是骨细胞、胶原和弹性蛋白形成不可缺少的元素。

羔羊缺铜，表现为共济失调，骨骼形成和生长受阻、腹泻和贫血，其贫血症状与缺铁性贫血类似，但不能通过补铁消除。羊缺铜，可能是单纯性的，也可能是钴和铁同时缺乏。在单纯缺铜地区放牧的羊群，只要在食盐中加入0.5%的硫酸铜，便可满足羊的需要，如果是由于缺乏某种其他因素引起的缺乏症，则必须补充该元素，才能使铜达到正常水平。另外，铜在瘤胃中与硫形成络合物。在这种情况下，即使日粮中铜含量正常，也同样会发生缺铜症。羊摄入过量铜也会发生中毒，绵羊对铜特别敏感，当日粮铜超过25毫克/千克时，即出现贫血、生长受阻、肌肉营养不良和繁殖性能下降等现象。肝内铜聚积到暴发点时，出现黄疸症，甚至肝坏死和肾功能障碍。严重时，出现溶血，组织坏死，死亡。

③锌　锌是动物体内200多种酶的成分，在不同的酶中，

锌起着催化分解、合成和稳定酶蛋白四级结构和调节酶活性等多种生化作用。同时参与维持上皮细胞和皮毛的正常形态、生长和健康，维持激素的正常作用，维持生物膜的正常结构和功能。羊缺锌，出现食欲、采食量和生产性能下降，皮肤和被毛损害、繁殖性能下降和骨骼异常等症状。羔羊缺锌，眼睛和蹄上部出现皮肤不完全角质化。羊对锌有较强的耐受力，很少出现中毒现象。

④钴　钴在动、植物体内含量很少，世界上很多地方动物尤其是反刍动物因缺钴而出现地方性恶性贫血、异嗜、拒食、生长不良、消瘦等病症。这是因为钴参与维生素B_{12}的合成，直接参与造血过程，并激活多种酶。钴同蛋白质及碳水化合物代谢有关，而且还可用于合成瘤胃微生物的其他生长因子，增强瘤胃微生物分解纤维素的活性。

羊对钴的耐受力比较强，但当日粮钴超过需要量的300倍时会出现中毒反应，其症状与缺钴相似。

⑤锰　锰是参与碳水化合物、脂类、蛋白质和胆固醇代谢的一些酶类的组成成分，也是多种酶的非专一激活剂，是精氨酸酶的专一激活物。骨骼中的锰参与形成硫酸黏多糖软骨素，是骨骼中软骨的必需成分，可预防骨短粗症，使其形成正常骨骼。锰与羊生长、繁殖有关，参与铜的造血功能。锰还是维持大脑正常代谢功能必不可少的物质。

糠麸类饲料中锰含量较高，饼粕类次之，其他饲料含量较少，多不能满足家畜正常生长之需要。羊容易出现缺锰症，表现为采食量下降，饲料利用率低，生长发育受阻，骨骼形成缺陷，共济失调，繁殖机能受损，甚至出现神经机能紊乱症。

⑥碘　碘在动物体内的主要生理功能是通过合成甲状腺素来完成的。甲状腺素几乎参与体内所有的物质代谢过程。维持体内热平衡，对羊的繁殖、生长、发育、红细胞生成和血液循环等起调控作用。影响毛发、皮肤的完整性和生长。

植物性饲料中碘含量很低，因此，在山地放牧的羊，单靠牧草很难满足碘的需要量，往往出现缺碘症状，表现为甲状腺肿大，生长发育停滞，皮肤、被毛及性腺发育不良，繁殖力下降。羊很少出现碘中毒现象，因为饲料中含碘量过高时，适口性下降，羊的采食量下降，自然可以避免中毒。

⑦硒　硒在体内参与谷胱甘肽过氧化物酶组成，可保护细胞膜结构完整和功能正常，对胰腺组成和功能有重要影响，并具有促进脂类及其脂溶性物质在肠道消化吸收的作用。

我国缺硒地域面积约占总土地面积的2/3，其中西北的黄土高原水土流失较严重地区、黑龙江的克山县、四川的凉山地区成为严重缺硒区。羊缺硒主要表现为白肌病，还可引发骨骼肌和心脏变性，出现生长缓慢、消瘦、繁殖性能下降等症状。日粮中含有0.1微克硒即可满足羔羊需要。但硒毒性较强，羊长期摄入过量的硒可导致急性或慢性中毒，主要表现为脱毛、疼痛、蹄壳脱落、繁殖力显著下降等。

⑧钼　日粮中含少量的钼，有助于饲料的消化，能加速机体的生长发育，提高体重。钼可在肠内与铜形成复合物，使铜失去生物活性。钼的摄取量过大时，即使牧草含有足够的铜，也会发生缺铜症。钼的这种作用可以防止铜的摄入量过大。钼摄入量过低，过剩的铜会在肝脏积存。因此，日粮中含有适量的钼是十分必要的。

（2）微量元素的供给

①通过日粮中添加微量元素添加剂补充上述微量元素。

②通过舔砖补充。

③对严重缺硒地区的羔羊，可定期注射亚硒酸钠维生素E注射液。羔羊、妊娠母羊、哺乳母羊每月注射1次，繁殖公母羊最好在配种前1个月内注射1次。其他羊每2个月或每季度注射1次。

④给羊瘤胃内投放含硒、铜、钴等微量元素的长效缓释丸。但2月龄内羔羊不宜投放。

⑤给高产草场施肥料时添加严重缺乏的元素。

六、水

水是羊的生命活动所不可缺少的营养物质，一般占体重的60%～70%。

水是组成体液的主要成分，是羊饲料消化吸收、营养物质代谢、体内废物排泄及体温调节等生理活动所必需的物质。羊缺水比缺草还难忍受和难以维持生命。当体内水分损失5%时，羊就有严重的渴感，食欲下降或废绝；当体内水分损失10%时，就会出现代谢紊乱，生理过程遭到破坏；当水分损失达20%时，可导致羊死亡。2～3天不饮水，羊就拒绝采食。长期缺水，可使羊唾液减少，瘤胃发酵困难，食欲下降，胃肠蠕动减慢，消化紊乱，血液浓缩，体温调节功能失调，尿浓度增高而发生尿中毒。另外，在缺水情况下，羊体内脂肪过度分解，会诱发毒血症，导致肾炎。

羊采食1千克干饲料一般需饮水3～5升，而且喜饮清洁水，尤其是山羊常常拒饮被污染的水。这种行为也被看作是羊的自我保护行为，但在极度干渴条件下，也会被迫饮用非清洁水。其结果可能感染寄生虫病、传染病或消化道疾病。

因此，应给羊供应充足的饮水，任其自由饮用，同时还要注意水的卫生和质量，最好为深井水或流动而清洁的河水。一般情况下，人的安全饮水对羊也是安全的。饮水中的固体物（各种可溶解盐类）含量为150毫克/升时较为理想。低于5000毫克/升对羔羊无害，超过7000毫克/升可导致腹泻，高于10000毫克/升时不能饮用。但从无盐水突然转为微盐咸水时，有些羊可能出现暂时性轻度腹泻，因此，需要有一个逐渐适应的过程。

第三节　肉羊的饲养标准

饲养标准又称营养标准，是根据羊的品种、性别、年龄、体重、生理状态、生产方向和水平，规定每只羊每天应获取的各种营养量，也是进行科学养羊的依据和重要参数。养殖技术人员可根据羊的营养需要量和各种饲料原料的营养价值计算出羊在特定生理状况下的日粮配方。

农业部2004年8月25日发布了《中华人民共和国农业行业标准——肉羊饲养标准》（NYT816—2004），详细介绍了不同类型肉羊的营养需要量，本书仅将其中《生长肥育绵羊羔羊每日营养需要量》《育肥绵羊每日营养需要量》《生长肥育山羊羔羊每日营养需要量》《育肥山羊每日营养需要量》《肉用绵羊对日粮硫和微量矿物元素的需要量》《山羊对常量矿物元素每日营养需要量》《山羊对微量矿物元素需要量》和《肉用绵羊对脂溶性维生素的需要量》介绍给大家。详见表3-1至表3-8。

表3-1 生长肥育绵羊羔羊每日营养需要量

体重（千克）	日增重（千克）	干物质采食量（千克）	消化能（兆焦）	代谢能（兆焦）	粗蛋白质（克）	钙（克）	总磷（克）	食盐（克）
4	0.1	0.12	1.92	1.88	35	0.9	0.5	0.6
4	0.2	0.12	2.80	2.72	62	0.9	0.5	0.6
4	0.3	0.12	3.68	3.56	90	0.9	0.5	0.6
6	0.1	0.13	2.55	2.47	36	1.0	0.5	0.6
6	0.2	0.13	3.43	3.36	62	1.0	0.5	0.6
6	0.3	0.13	4.18	3.77	88	1.0	0.5	0.6
8	0.1	0.16	3.10	3.01	36	1.3	0.7	0.7
8	0.2	0.16	4.06	3.93	62	1.3	0.7	0.7
8	0.3	0.16	5.02	4.60	88	1.3	0.7	0.7
10	0.1	0.24	3.97	3.60	54	1.4	0.75	1.1
10	0.2	0.24	5.02	4.60	87	1.4	0.75	1.1
10	0.3	0.24	8.28	5.86	121	1.4	0.75	1.1
12	0.1	0.32	4.60	4.14	56	1.5	0.8	1.3
12	0.2	0.32	5.44	5.02	90	1.5	0.8	1.3
12	0.3	0.32	7.11	8.28	122	1.5	0.8	1.3
14	0.1	0.4	5.02	4.60	59	1.8	1.2	1.7
14	0.2	0.4	8.28	5.86	91	1.8	1.2	1.7
14	0.3	0.4	7.53	6.69	123	1.8	1.2	1.7
16	0.1	0.48	5.44	5.02	60	2.2	1.5	2.0
16	0.2	0.48	7.11	8.28	92	2.2	1.5	2.0
16	0.3	0.48	8.37	7.53	124	2.2	1.5	2.0
18	0.1	0.56	8.28	5.86	63	2.5	1.7	2.3
18	0.2	0.56	7.95	7.11	95	2.5	1.7	2.3
18	0.3	0.56	8.79	7.95	127	2.5	1.7	2.3
20	0.1	0.64	7.11	8.28	65	2.9	1.9	2.6
20	0.2	0.64	8.37	7.53	96	2.9	1.9	2.6
20	0.3	0.64	9.62	8.79	128	2.9	1.9	2.6

表3-2 育肥绵羊每日营养需要量

体重（千克）	日增重（千克）	干物质采食量（千克）	消化能（兆焦）	代谢能（兆焦）	粗蛋白质（克）	钙（克）	总磷（克）	食盐（克）
20	0.10	0.8	9.00	8.40	111	1.9	1.8	7.6
20	0.20	0.9	11.30	9.30	158	2.8	2.4	7.6
20	0.30	1.0	13.60	11.20	183	3.8	3.1	7.6
20	0.45	1.0	15.01	11.82	210	4.6	3.7	7.6
25	0.10	0.9	10.50	8.60	121	2.2	2.0	7.6
25	0.20	1.0	13.20	10.80	168	3.2	2.7	7.6
25	0.30	1.1	15.80	13.00	191	4.3	3.4	7.6
25	0.45	1.1	17.45	14.35	218	5.4	4.2	7.6
30	0.10	1.0	12.00	9.80	132	2.5	2.2	8.6
30	0.20	1.1	15.00	12.30	178	3.6	3.0	8.6
30	0.30	1.2	18.10	14.80	200	4.8	3.8	8.6
30	0.45	1.2	19.95	16.34	351	6.0	4.6	8.6
35	0.10	1.2	13.40	11.10	141	2.8	2.5	8.6
35	0.20	1.3	16.90	13.80	187	4.0	3.3	8.6
35	0.30	1.3	18.20	16.60	207	5.2	4.1	8.6
35	0.45	1.3	20.19	18.26	233	6.4	5.0	8.6
40	0.10	1.3	14.90	12.20	143	3.1	2.7	9.6
40	0.20	1.3	18.80	15.30	183	4.4	3.6	9.6
40	0.30	1.4	22.60	18.40	204	5.7	4.5	9.6
40	0.45	1.4	24.99	20.30	227	7.0	5.4	9.6
45	0.10	1.4	16.40	13.40	152	3.4	2.9	9.6
45	0.20	1.4	20.60	16.80	192	4.8	3.9	9.6
45	0.30	1.5	24.80	20.30	210	6.2	4.9	9.6
45	0.45	1.5	27.38	22.39	233	7.4	6.0	9.6
50	0.10	1.5	17.90	14.60	159	3.7	3.2	11.0
50	0.20	1.6	22.50	18.30	198	5.2	4.2	11.0
50	0.30	1.6	27.20	22.10	215	6.7	5.2	11.0
50	0.45	1.6	30.03	24.38	237	8.5	6.5	11.0

表3-3 生长肥育山羊羔羊每日营养需要量

体重（千克）	日增重（千克）	干物质采食量（千克）	消化能（兆焦）	代谢能（兆焦）	粗蛋白质（克）	钙（克）	总磷（克）	食盐（克）
1	0	0.12	0.55	0.46	3	0.1	0.0	0.6
1	0.02	0.12	0.71	0.60	9	0.8	0.5	0.6
1	0.04	0.12	0.89	0.75	14	1.5	1.0	0.6
2	0	0.13	0.90	0.76	5	0.1	0.1	0.7
2	0.02	0.13	1.08	0.91	11	0.8	0.6	0.7
2	0.04	0.13	1.26	1.06	16	1.6	1.0	0.7
2	0.06	0.13	1.43	1.20	22	2.3	1.5	0.7
4	0	0.18	1.64	1.38	9	0.3	0.2	0.9
4	0.02	0.18	1.93	1.62	16	1.0	0.7	0.9
4	0.04	0.18	2.20	1.85	22	1.7	1.1	0.9
4	0.06	0.18	2.48	2.08	29	2.4	1.6	0.9
4	0.08	0.18	2.76	2.32	35	3.1	2.1	0.9
8	0	0.33	1.96	1.61	13	0.5	0.4	1.7
8	0.02	0.33	3.05	2.5	24	1.2	0.8	1.7
8	0.04	0.33	4.11	3.37	36	2.0	1.3	1.7
8	0.06	0.33	5.18	4.25	47	2.7	1~8	1.7
8	0.08	0.33	6.26	5.13	58	3.4	2.3	1.7
8	0.10	0.33	7.33	6.01	69	4.1	2.7	1.7
12	0	0.48	2.67	2.19	18	0.8	0.5	2.4
12	0.02	0.50	4.41	3.62	29	1.5	1.0	2.5
12	0.04	0.52	6.16	5.05	40	2.2	1.5	2.6
12	0.06	0.54	7.90	6.48	52	2.9	2.0	2.7
12	0.08	0.56	9.65	7.91	63	3.7	2.4	2.8
12	0.10	0.58	11.40	9.35	74	4.4	2.9	2.9
16	0	0.52	3.30	2.71	22	1.1	0.7	2.6
16	0.02	0.54	5.73	4.70	34	1.8	1.2	2.7
16	0.04	0.56	8.15	6.68	45	2.5	1.7	2.8
16	0.06	0.58	10.56	8.66	56	3.2	2.1	2.9
16	0.08	0.60	12.99	10.65	67	3.9	2.6	3.0
16	0.10	0.62	15.43	12.65	78	4.6	3.1	3.1

表3-4 育肥山羊每日营养需要量

体重（千克）	日增重（千克）	干物质采食量（千克）	消化能（兆焦）	代谢能（兆焦）	粗蛋白质（克）	钙（克）	总磷（克）	食盐（克）
15	0	0.51	5.36	4.40	43	1.0	0.7	2.6
15	0.05	0.56	5.83	4.78	54	2.8	1.9	2.8
15	0.10	0.61	6.29	5.15	64	4.6	3.0	3.1
15	0.15	0.66	6.75	5.54	74	6.4	4.2	3.3
15	0.20	0.71	7.21	5.91	84	8.1	5.4	3.6
20	0	0.56	6.44	5.28	47	1.3	0.9	2.8
20	0.05	0.61	6.91	5.66	57	3.1	2.1	3.1
20	0.10	0.66	7.37	6.04	67	4.9	3.3	3.3
20	0.15	0.71	7.83	6.42	77	6.7	4.5	3.6
20	0.20	0.76	8.29	6.80	87	8.5	5.6	3.8
25	0	0.61	7.46	6.12	50	1.7	1.1	3.0
25	0.05	0.66	7.92	6.49	60	3.5	2.3	3.3
25	0.10	0.71	8.38	6.87	70	5.2	3.5	3.5
25	0.15	0.76	8.84	7.25	81	7.0	4.7	3.8
25	0.20	0.81	9.31	7.63	91	8.8	5.9	4.0
30	0	0.65	8.42	6.90	53	2.0	1.3	3.3
30	0.05	0.70	8.88	7.28	63	3.8	2.5	3.5
30	0.10	0.75	9.35	7.66	74	5.6	3.7	3.8
30	0.15	0.80	9.81	8.04	84	7.4	4.9	4.0
30	0.20	0.85	10.27	8.42	94	9.1	6.1	4.2

表3-5 肉用绵羊对日粮硫和微量矿物元素的需要量
（以干物质为基础）

体重阶段（千克）	生长羔羊	育成母羊	育成公羊	育肥羊	妊娠母羊	泌乳母羊	最大耐受量
	4～20	25～50	20～70	20～50	40～70	40～70	
硫（克/天）	0.24～1.2	1.4～29	2.8～3.5	2.8～3.5	2.0～3.0	2.5～3.7	
铁（毫克/千克）	4.3～23	29～58	50～79	47～83	65～86	72～94	500
铜（毫克/千克）	0.97～5.2	6.5～13	11～18	11～19	16～22	13～18	25

续表

体重阶段（千克）	生长羔羊 4~20	育成母羊 25~50	育成公羊 20~70	育肥羊 20~50	妊娠母羊 40~70	泌乳母羊 40~70	最大耐受量
锌（毫克/千克）	2.7~14	18~36	50~79	29~52	53~71	50~77	750
钴（毫克/千克）	0.018~0.096	0.12~0.24	0.21~0.33	0.2~0.35	0.27~0.36	0.3~0.39	10
锰（毫克/千克）	2.2~12	14~29	25~40	23~41	32~44	36~47	1000
碘（毫克/千克）	0.08~0.46	0.58~1.2	1.0~1.6	0.94~1.7	1.3~1.7	1.4~1.9	50
硒（毫克/千克）	0.016~0.086	0.11~0.22	0.19~0.30	0.18~0.31	0.24~0.31	0.27~0.34	2

表3-6 山羊对常量矿物元素每日需要量

常量元素	每千克体重的维持需要（毫克）	每千克胎儿的妊娠需要（克）	每千克奶的泌乳需要（克）	每千克体重的生长需要（克）	吸收率（%）
钙	20	11.5	1.25	10.7	30
总磷	30	6.6	1.0	6.0	65
镁	3.5	0.3	0.14	0.4	20
钾	50	2.1	2.1	2.5	90
钠	15	1.7	0.4	1.6	80
硫	0.16%~0.32%（以采食日粮干物质为基础）				

表3-7 山羊对微量矿物元素需要量
（以采食日粮干物质为基础）

微量元素	推荐量（毫克/千克）
铁	30~40
铜	10~20
钴	0.11~0.2
碘	0.15~2.0
锰	60~120
锌	50~80
硒	0.05

表3-8 肉用绵羊对脂溶性维生素的需要量
（以干物质为基础）

体重阶段 （千克）	生长羔羊 4~20	育成母羊 25~50	育成公羊 20~70	育肥羊 20~50	妊娠母羊 40~70	泌乳母羊 40~70
维生素A （IU/d）	188~940	1175~2350	940~3290	940~2350	1880~3948	1880~3434
维生素D （IU/d）	26~132	137~275	111~389	111~278	222~440	222~380
维生素E （IU/d）	2.4~12.8	12~24	12~29	12~23	18~35	26~24

第四章 肉羊繁殖技术

第一节 羊的繁殖生理特点

一、羊的性成熟

性成熟是指绵、山羊生长发育到一定年龄,生殖器官已发育完全,生殖功能达到了比较成熟的阶段,具备了繁殖后代的能力,母羊有周期性的发情表现,公羊能产生具有正常受精能力的精子。羊的性成熟受品种、营养水平和气候等因素影响。一般来说,山羊的性成熟比绵羊早,膘情好的羊比膘情差的早,南方羊比北方羊早。南方农区大部分山羊品种在4~5月龄性成熟,而生活在北方寒冷地区的普通山羊通常到5~6月龄性成熟。绵羊一般在4~10月龄性成熟,小尾寒羊为5~6月龄,湖羊为4~5月龄。而营养不良的绵、山羊性成熟年龄可能推迟到1岁以后。

二、羊的初配年龄

绵、山羊性成熟时,身体生长发育还没有完成。母羊过早配种会影响本身的健康和胎儿的发育,公羊过早配种可导致元气亏损、生长发育受阻。因此,公、母羔羊断奶后一定要分群管理，以免过早配种。绵、山羊的初配年龄应根据身体发育情况决定，公羊最好在1.5岁后正式用于配种，母羊应在体重达到成年母羊体重的80%左右，在60%以上开始配种。

三、影响羊繁殖力的因素

1. 品种

不同品种的产羔率差异很大，国内绵羊以小尾寒羊和湖羊最具优势。引进绵羊除了东佛里生外，其他品种的产羔率均未超过180%。详见表4-1。

表4-1 不同品种绵、山羊的产羔率

品种		产羔率（%）
国内绵羊品种	小尾寒羊	250
	湖羊	229
	欧拉羊	100
	多浪羊	150
	乌珠穆沁羊	100.2
	兰坪乌骨羊	103.5
引进绵羊品种	杜泊羊	140
	德国美利奴	150
	无角陶赛特	130
	夏洛莱	180
	黑头萨福克	130~140
	特克赛尔	150~160
	东佛里生	200~230
	南非美利奴	130~160
国内山羊品种	陕南白山羊	259
引进山羊品种	布尔山羊	180~220
	努比亚山羊	190

2. 营养

据研究，10%的家畜繁殖机能障碍是由遗传因素造成的，另外90%是由饲养管理因素造成的。各种营养物质，包括蛋白质、碳水化合物、脂肪、维生素、矿物质等对羊都很重要，其中任何一种营养素缺乏都会影响羊的健康与繁殖性能。饲料的合理搭配也非常重要，即使各种营养成分都能供给，羊仍然会因一种或几种营养素过多或过少而出现病症。

（1）蛋白质　日粮蛋白质供给不足影响青年公羊生殖器官的发育和精子品质，可使精子活力和射精量下降，密度变稀，配种能力降低。蛋白质不足可造成青年母羊卵巢和子宫呈幼稚型，初情期推迟，不发情或发情不明显。妊娠母羊日粮中蛋白质水平太低可直接引起细胞发育受阻和胚胎死亡，还可通过影响羊的生殖内分泌活动而间接影响胚胎发育，出现流产、弱羔、死羔、母羊缺乳、贫血等病症。

羊日粮蛋白质水平过高时，血清孕酮含量下降，直接影响胚胎的存活。过多的蛋白质还可导致体组织中氨、尿素及其他含氮化合物浓度升高。母羊血液中较高的氨和尿素浓度可引起生殖系统中氨和尿素含量升高，从而损害生殖功能，影响内分泌和黄体机能，进一步影响胚胎的存活。氨对卵子和早期胚胎有直接毒害作用。因此，羊日粮中应保持一定的能量水平，控制蛋白质饲料用量。

（2）碳水化合物　碳水化合物中的葡萄糖是胎儿生长发育、乳腺等代谢的唯一能源，如果供给不足，不仅胎儿发育受阻、母羊缺乳，甚至会出现妊娠毒血症或死亡。

（3）脂肪　脂肪与动物的繁殖也有密切的关系。精子和精清中均含有脂类，大多以磷脂与脂蛋白的形式存在，磷脂是精子细胞膜的成分。如果日粮中严重缺乏脂肪，也会影响精子生成。脂肪是脂溶性维生素的溶剂，日粮中脂肪含量不足就会影响脂溶性维生素的吸收和利用,从而对繁殖产生不良影响。

(4)维生素

①维生素A　母羊体内维生素A缺乏可导致性成熟延迟、卵细胞生长发育受阻,虽有少数卵细胞可发育到成熟阶段,并能受精,但流产多,所产羔羊出现瞎眼、行走不协调、胎衣不下等病症。公羊缺乏维生素A则影响精子生成,也可使大部分已形成的精子死亡。患维生素A缺乏症的羊不易吸收胡萝卜素。羊采食过多的含氮牧草可在体内形成亚硝酸盐和硝酸盐,阻碍胡萝卜素转化为维生素A,这就是羊吃了富含胡萝卜素的牧草后仍患维生素A缺乏症的原因。注射维生素A可防止这种情况的发生。

②维生素D　羊缺乏维生素D,除肠道吸收钙、磷减少,血钙血磷低于正常水平及成骨作用发生障碍外,还抑制母畜发情征候,推迟发情日期。

③维生素E　羊缺乏维生素E,体内氧化过程加快,氧化产物积累增加,对羊繁殖机能产生不良影响。公羊缺乏维生素E,睾丸萎缩,曲细精管不产生精子;母羊缺乏维生素E,受胎率下降、胚胎和胎盘萎缩、流产。大量研究证明:动物体内维生素E和硒能预防细胞膜脂氧化、提高生殖细胞的生活能力,而且密切相关。因此,在羊日粮中补充维生素E的同时,又补充硒(如亚硒酸钠),其效果比单独补充维生素E或硒要好。

(5)矿物质

①钙与磷　羊的繁殖机能与钙磷比例关系十分密切。日粮中钙磷比例为1.5~2∶1时效果最好。当钙磷比例小于1.5∶1时,可导致羊受胎率下降,出现难产和胎衣不下,容易发生子宫和输卵管炎症;钙磷比例大于4∶1时,繁殖性能明显下降,

会发生阴道和子宫脱垂、子宫内膜炎、乳腺炎、产后轻瘫。钙磷比例失调还可引起胎儿发育停止、畸形、流产。羊日粮缺磷，往往导致卵巢萎缩、母羊屡配不孕，或发生中途流产，或产下的幼畜生活力很弱。日粮中添加磷制剂可大大改善羊的繁殖机能，提高母羊受胎率和羔羊体增重。日粮中磷的含量过高，也会抑制母羊的繁殖机能，如引起卵巢肿大、配种期延长，受胎率下降。这是由于含磷过高造成锰含量不足而引起的。据报道，家畜日粮中的磷比实际需要量低50%时，不育率就会增加40%，而加入二磷酸钠后，不育率就会降低一半以上。

②钠和钾　钠和钾对羊繁殖机能的影响也较大。在大量施用钾肥的草地上放牧的羊摄入过多的钾，可导致钾钠比例失调，机体出现缺钠现象。而缺钠常使羊发生机体酸中毒、生殖道黏膜发炎、卵巢功能不全或卵巢囊肿。大量研究证明，钾和钠的适宜比例为5∶1。当钾钠比例超过10∶1时，会导致母畜受胎率降低。如果饲料中缺钠，可导致母羊子宫收缩迟缓、胎衣滞留、性欲减退、排卵周期延长、卵巢囊肿变性。

③铜和钴　绵、山羊缺铜，可造成母羊不发情或早期胚胎死亡。如果母羊长期在缺铜草地上放牧，会出现严重贫血、发情期延长、不育率和羔羊死亡率增加等现象。

缺钴影响羊的繁殖性能，最突出的表现是受胎率显著下降。缺钴的奶牛，除血液中铜水平降低外，受胎率只能达到50%，如果注射铜制剂，则可使受胎率增加到67%，注射铜制剂同时补充钴元素，受胎率可超过93%。可见钴与铜之间的关系是十分密切的。母羊对缺钴比牛更敏感，常表现为食欲不振，身体消瘦虚弱，不发情或很少发情，受胎率明显降低，泌乳量减少等。

④碘 碘是合成甲状腺素的主要原料，而甲状腺素是保证脑垂体和生殖腺正常机能不可缺少的。母畜不排卵主要与垂体中促黄体素水平下降和甲状腺活动降低有关。因此，饲料中缺碘，会使母畜出现发情中断、不排卵、胚胎附植困难、流产、胚胎死亡、出生幼畜体重小和活力差等现象。山地放牧的羊，单靠牧草很难满足碘的需要量，往往出现缺碘症状。如能补喂碘化钾或含碘盐，可恢复母羊内分泌器官的正常分泌功能，减少上述繁殖障碍症状。但碘过量也可引起胎儿发育停止、畸形、流产。

⑤锰 缺锰母羊生殖器官发育迟缓，首次发情时间推迟，卵巢的生长卵泡发育和排卵停滞，受精率下降，胎儿吸收，出现流产和早产现象。缺锰山羊发情表现也不明显，虽然有些羊能正常排卵、受精，但受胎率比正常羊低35%～40%，产出的公羔多，母羔少。这可能是由于雌性胎儿对锰的需求量较大，缺锰时雌性胎儿首先死亡；另一方面，缺锰的母羊发情表现不明显，生殖器官分泌的黏液少，不利于体积大、活性差、游动速度慢的X精子受精，而利于体积小、活性强、速度快的Y精子受精，因此，增加了产生雄性后代的机会。

公羊缺锰发生睾丸萎缩、退化和精子生成障碍。

⑥锌 锌对公羊精液的影响极大。缺锌公羊表现为睾丸发育不良、精液浓度和射精量下降以至精子生成停止。母羊缺锌时，表现为发情紊乱，初情期和产后发情期大大推迟。长期缺锌会导致卵巢萎缩、机能衰退，胚胎致畸或死亡。

⑦硒　动物缺硒，精子的形态结构和功能的完整性会受到影响，从而使精子游向卵子、冲破卵膜的能力降低，无法完成正常的受精过程。缺硒也可造成母羊受胎率下降和胚胎死亡。给母羊补硒，可以防止流产、胚胎死亡，降低不孕症和提高繁殖力。

其他元素，如铁、铬等缺乏可引起早期胚胎死亡并可致胎儿发育受阻，流产。研究人员发现，山羊饲料中砷的含量低于35微克/千克（干物质）时，采食量下降10%，约有58%的母山羊发生流产，有时引起羔羊突然死亡。但饲料或饮水中砷、镉、铅、汞过量，也会严重影响雌、雄动物的繁殖性能，可致早期胚胎或胎儿死亡。

3. 体况

也是指羊的膘情。公母羊过肥或过瘦都会影响绵、山羊的繁殖力。

①公羊体况　种公羊过肥或过瘦都会影响其繁殖力。过肥的公羊脂肪沉积过多，自身过重，容易疲劳，性欲较差，影响配种或采精。另一方面，公羊过度肥胖可引起睾丸生殖细胞变性，产生较多的畸形精子和死精子，没有受精能力。身体过瘦或虚弱的公羊性欲降低，精液数量少，精液品质差，畸形精子增多，精子活力低，更难达到满意的配种或采精效果。

②母羊体况　肥胖对母羊繁殖力的危害主要是内分泌障碍。其一，肥胖可致体内胰岛素增加，使卵巢产生过多的雄激素，抑制排卵；其二，肥胖动物体内性激素结合蛋白下降，可导致血液雌激素和雄激素非正常增加，从而影响母羊的排卵机能；其三，过度肥胖会使动物吸收大量类固醇于脂肪中（类固

醇激素是脂溶性的），引起外周血液类固醇激素水平下降，降低了性功能；其四，肥胖会造成卵巢和输卵管等生殖器官的脂肪沉积，卵泡上皮细胞变性。这些因素不但影响卵子的发生、发育、排出以及配子、合子在输卵管的运行，而且会导致雌性动物出现卵巢静止，卵泡闭锁、排卵延迟，因而动物长期不发情或发情异常，严重影响受胎率和繁殖率。因此，繁殖母羊的膘情应保持适中，既不过肥，也不过瘦。

母羊瘦弱，同样影响内分泌活动，使性腺机能减退，生理机能紊乱。表现为不发情、安静发情或超排处理反应差。妊娠母羊在配种前及排卵前后的营养水平对胚胎生存起着关键作用，营养过低会严重妨碍胚胎的生存和生长。提高营养水平可使母羊的排卵数和产羔数增加，产羔率可提高10%~20%。母羊在妊娠后期营养严重不足，不仅会影响羔羊初生重和生活力，还会影响胎儿次级毛囊的成熟，这种影响对怀双羔母羊更加明显。因此，在繁殖季节开始前2~3周起，就应加强母羊饲养管理，尤其要注意怀孕后期母羊的营养供给。

4. 年龄

母羊的年龄和胎次对繁殖力的影响很大。一般情况下，第一胎产羔率较低，随着胎次的增加，产羔率上升。但到第四胎以后趋于平稳，到5岁开始下降，而且随着母羊年龄的增加，羔羊体质变差。因此，2~4岁母羊的受胎率和羔羊成活率都较高，是母羊的繁殖高峰期。

5. 精液污染

在输精时，有可能将环境性致病菌带进宫腔，其代谢产物刺激子宫黏膜分泌前列腺素F2，使黄体消退，微生物还可能直接使精子、合子和胚胎死亡。

6. 不适时配种

不管是老化卵子与新排精子，还是老化卵子与老化精子，新排卵子与老化精子的结合，都会出现胚胎早期退化现象。如推迟配种虽然可使接近受精末期的卵子受精，但由于卵子老化，受精的卵子不管能不能附植，大多数不能继续正常发育，胚胎被吸收或胎儿发育异常。老化的精子也可导致类似的情况，但由于输入的精液实际上含有成熟状态不同的精子，这种异质性减缓了早输精的不利影响。

7. 遗传缺陷

在近亲繁殖情况下，可能形成纯合子畸形胚，因此近亲繁殖会增加胚胎死亡率，而杂交繁育可以减少胚胎损失。

8. 疾病

（1）子宫内膜炎　母羊发生生殖道炎症或宫颈糜烂时，免疫屏障破坏，可产生抗精子抗体，使卵子不能受孕。

（2）内分泌紊乱　子宫内环境不适宜，无疑会引起胚胎死亡。胚胎从输卵管运行到子宫的过程乃是雌激素水平逐渐下降和孕酮水平逐渐增加的过程。如果这种平衡关系被打乱，胚胎的运行加速或减慢，导致胚胎在附植前死亡。

（3）发热性疾病　胚胎在发育早期，直接受母体体温升高的影响。不管是传染性疾病，还是非传染性疾病引起的发热症状，都会导致胚胎死亡。

（4）应激反应　高温是危害性最大的应激因素。受高温危害的羊胚胎通常发育到附着的关键时期死亡。热应激时，绵羊体温常升高$1\sim2℃$，使精子生长、卵子发育、受精、胚胎成活、胎儿发育、羔羊的成活率都受到影响。处在发育阶段的受精卵极易死亡。尚未驯化于炎热环境的绵羊，炎热所引起的胚胎死亡率可高达100%。

9. 其他

（1）误用药物　有些抗生素药物对胚胎有一定的毒副作用，如链霉素、三甲氧苄氨嘧啶以及磺胺类药物对胚胎都有一定的毒性和致畸作用。大多数抗寄生虫类药物对胚胎有一定的毒害作用。因此，应尽量避免母畜给药或在药物残留期受孕，泌乳期及屠宰前家畜休药期应禁用。

（2）接种疫苗　疫苗作为抗原，被接种进入羊体后，被吞噬细胞所吞噬，同时也激活吞噬细胞，产生和释放内生性致热原，结果体温上升，形成发热。发热可致妊娠早期胚胎变性、死亡。

（3）饲料中有害物质中毒

①饲料原毒素　许多饲料原料中都含有有害物质，如棉籽饼中的棉酚、菜籽饼中的硫化葡萄糖苷毒素等对胎儿有毒害作用。

②真菌毒素　真菌在侵染饲料（包括粗饲料和精饲料）时产生的有毒代谢产物，能引起动物发育迟缓，免疫力下降，器官机能障碍，急慢性中毒死亡，致畸、致癌、致突变等。如黄曲霉菌毒素能引起胚胎死亡、早产、流产、死胎、畸形胎。

第二节　羊主要繁殖指标

羊的繁殖力可通过以下性状的观测结果作出评价。其中产羔率和繁殖成活率是反映母羊繁殖性能最重要的指标。

一、受配率

受配率是表示本年度内参加配种的母羊数占群体内适繁母羊数的百分率。主要反映羊群内适繁母羊的发情与配种情况。

$$受配率（\%）= \frac{配种母羊数}{适繁母羊数} \times 100\%$$

二、繁殖率

繁殖率是指本年度内出生的羔羊数占上年末存栏的适繁母羊数的百分率。反映羊群在一个繁殖年度的增值效率。

$$繁殖率（\%）= \frac{本年度产羔数}{上年度末存栏适繁母羊数} \times 100\%$$

三、受胎率

受胎率是指本年度内配种后妊娠母羊数占参加配种的母羊数的百分率。受胎率又分为总受胎率和情期受胎率2种。

（1）总受胎率 总受胎率是指本年度受胎母羊数占参加配种母羊的百分率。反映配种母羊群受胎母羊的比例。

$$总受胎率（\%）= \frac{受胎母羊数}{配种母羊数} \times 100\%$$

（2）情期受胎率 情期受胎率指在一定期限（一个情期）内受胎母羊数占本期内参加配种的发情母羊的百分率。反映母羊发情周期的配种质量。

$$情期受胎率（\%）= \frac{受胎母羊数}{情期配种数} \times 100\%$$

四、产羔率

产羔率是指产羔数占产羔母羊的百分率。反映母羊的妊娠和产羔情况。

$$产羔率（\%）= \frac{产羔数}{产羔母羊数} \times 100\%$$

五、羔羊成活率

羔羊成活率是指本年度内断奶成活的羔羊数占出生羔羊数的百分率。反映羔羊的抚育水平。

$$羔羊成活率（\%）= \frac{成活羔羊数}{出生羔羊数} \times 100\%$$

六、繁殖成活率

繁殖成活率是指本年度内断奶成活的羔羊数占适龄繁殖母羊数的百分率。反映母羊的繁殖和羔羊的抚育水平。

$$繁殖成活率（\%）= \frac{断奶成活羔羊数}{适繁母羊数} \times 100\%$$

第三节　羊常用繁殖技术

绵、山羊可利用的繁殖技术很多，如同期发情、人工授精、精液冷冻、胚胎移植等。本书仅介绍广大养殖场和养殖户最常用的技术。

一、同期发情

同期发情又称同步发情，就是利用某些外源激素，人为地控制并调整母畜发情周期的进程，使成千上万的母羊在预定时间内集中发情、排卵，以达到同期配种、同期产羔、同期育肥、批量上市的目的，可大大节约饲养管理成本。

绵、山羊同期发情处理方法很多，但较简单易行、处理效果较好的方法有以下2种：

方法一：第1天阴道放置孕酮阴道栓（CIDR）或海绵栓，第10～14天上、下午各肌肉注射促卵泡激素30单位/只，次日撤栓。同时肌肉注射氯前列腺烯醇0.1毫克，然后观察母羊发情情况，并按计划开展配种工作。

方法二：第1天阴道放置孕酮阴道栓或海绵栓，第14天肌肉注射孕马血清促性腺激素200国际单位/只，次日撤栓。然后观察母羊发情情况，并按计划开展配种工作。

二、人工授精

人工授精技术分为传统人工授精技术和腹腔镜人工授精技术。前者简单易学，可使公羊的一次采精量配十几只至几十只母羊，但受胎率较低；应用腹腔镜技术可将精液直接输入子宫角，可使一只优秀公羊在一个繁殖季节至少可配2000只母羊，一天最多可配200只，受胎率可达到70%～90%。因此，人工授精技术不仅可以大大节省购买和饲养大量种公羊的费用，而且可以充分发挥优良公羊的作用，迅速提高羊群质量。同时可以减少疾病的传染，解决绵、山羊的异地配种问题。因此，这项技术被绵、山羊规模养殖场和养殖户普遍接受和利用。

1. 配种前的准备工作

（1）搞好公母羊抓膘工作　由于精子的生成需要40～50

天，种公羊在配种期营养和体力消耗很大，如果没有良好的身体条件，就不能保持旺盛的性欲和充沛的精力而完成配种任务。因此，配种前必须恢复体质。而公羊体质恢复也需要较长的过程，必须在配种前1～1.5个月开始，逐渐提高饲料营养水平，并进行适当的放牧运动。

母羊也要在配种前20～30天开始抓膘，如补饲优质青干草和精料补充料，补饲量可根据母羊体况具体确定，以增强体质、增加体重、促进母羊集中发情和多排卵为目的。这种饲养方式称为短期优饲，可使双羔率提高5%～10%。因此，在生产中被广泛应用。

（2）完成防疫、驱虫、修蹄等工作　完成这些工作可确保公羊在繁殖季节顺利完成配种任务，母羊群在妊娠期间少患病、不患病，而且母子健康，平安生产。

（3）选择好场地　采精场地应选择在平坦防滑、干净卫生、周围无噪声的房舍内。场地一经选择，便保持相对固定，不要经常变动。因为公羊会因环境陌生而拒绝爬跨、射精。

（4）调教好公羊　对初次采精的公羊一般要进行调教。可选择下列训练措施：

①定时将公羊与发情母羊圈在一起进行诱导。

②在其他公羊配种或采精时，让被调教公羊站在一旁，诱导其爬跨。

③每天定时按摩公羊睾丸，每次10～15分钟。

④隔日注射丙酸睾酮1～2毫升，连续注射3次。

2. 采精准备

（1）准备好台羊　用作采精的台羊，必须是发情母羊。

在繁殖季采精，可从母羊群中选择发情羊作为台羊。在非繁殖季节，需要对台羊进行诱导发情处理，通常是注射适量的雌二醇。

（2）准备好器具　凡与精液接触的一切器材和用具均要求清洁、干燥、无菌。经消毒液浸泡过的器具，用前必须先用清水冲洗干净，再用蒸馏水冲洗2～3次。经自然干燥或干燥箱干燥的器械再根据其材料性能，予以高压蒸汽消毒或干热消毒。

（3）安装假阴道　把假阴道内胎放入外壳，光面向里，粗面向外。将两头反转套在外壳上。固定好的内胎应松紧适中、匀称、平整，不起皱褶和扭转。装好后，用洗洁净洗去内胎上的污物，再用清水反复冲洗净，最后用蒸馏水冲洗1～2次，自然干燥。两端加橡胶圈固定，一端装集精杯。采精前1小时置于紫外线灯下照射消毒，或用75%的酒精棉球先里后外擦拭消毒内胎。使用前必须检查假阴道外壳有无裂缝或小孔；假阴道内胎是否漏气，有无裂损；气嘴是否漏气，扭动是否灵活。安装好的假阴道应盖上清洁纱布或平置于消毒箱内。使用时，根据气候和室内温度变化情况，在假阴道夹层内注入50℃左右的热水150～180毫升，使假阴道内温度保持在38～40℃。在假阴道内胎腔的前1/2段涂以润滑剂或生理盐水。装上气嘴，注入适量空气，使内胎一端中央呈"Y"字形或三角形，合拢而不向外鼓。

3. 采精操作

将有发情表现的健康母羊（台羊）颈部卡在采精架上。母羊的外阴部和公羊的阴茎包皮周围用0.1%的高锰酸钾水消毒后，再用消毒纱布或毛巾擦干。采精员蹲在台羊右后侧，右手持已准备好的假阴道，气嘴向下，靠在台羊臀部，假阴道与地面呈35°～40°角。当公羊爬跨台羊而阴茎未触及台羊后躯时，用左手轻轻地、迅速地将阴茎导入假阴道内。待公羊射精完毕，阴茎从假阴道中自行脱出后，采精员立即将假阴道直立，筒口向上，打开气嘴放气，取下集精杯，送去镜检。此时不能让假阴道内的水流入精液中，外壳有水也要擦干。

4. 采精频率

大量的研究结果表明：增加采精次数并不能提高公羊的采精总量，而且每周采精次数较少的公羊性欲较好，而采精次数较多的公羊性欲明显较差，这种差异随着采精时间的延长而越来越明显。过度或频繁采精会影响公羊的健康和使用年限，严重者在1～2年便失去种羊价值。一般来说，在繁殖季节，成年公羊每周可采精10～15次，即每天采精2～3次，但5～6天后，应当休息1～2天。公羊每次采精后应与母羊隔离饲养，以减少精力浪费。在非繁殖季节，如深冬和仲夏时期，应当停止采精。

5. 精液品质检查

精液品质与受胎率有直接关系。通过精液品质检查，可以确定稀释倍数和采得的精液能否用于输精，也是对种公羊种用价值和配种能力的检验。精液品质检查要求快速而准确，取样有代表性。室内温度应保持在20～25℃，显微镜应置于保温箱内，通过安装灯泡等方法将保温箱内的温度调整到37℃左右，使精液避免受到冷刺激而失去正常活力。精液品质检查的项目通常包括颜色、射精量、气味、精子密度、活力和畸形精子比率等。

（1）颜色 精液采得后立即观察颜色，正常精液一般为乳白色或浅黄色，通常乳白色精液中的精子密度大于浅黄色精液。除上述2种颜色外，其他颜色均被视为异常，如精液发黄或发绿，表明混入尿液或脓汁。精液呈灰色或棕褐色，表明生殖道内可能被污染或混入异物。具有异常颜色的精液不能用于输精。

（2）采精量 绵、山羊的射精量一般为0.5~2毫升，可用灭菌针管或输精器吸取测量。如果成年公羊的一次射精量低于0.3毫升，通常精液品质也较差，可视为采精失败。

（3）气味 正常的精液除具有精液特有的腥味外，无其他特殊气味，如有腐臭等异常气味，则不能用于输精。

（4）精子密度 精子密度是指单位体积中的精子数。公羊精液的精子密度一般为20亿~30亿/毫升，分为密、中、稀三级，25亿/毫升以上为"密"；20亿~25亿/毫升为"中"；15亿/毫升以下为"稀"。用肉眼观察采集的精液时，可看到由精子翻腾滚动所形成的云雾状态。因此，有经验的人可根据精液云雾的明显程度判断精子活力和密度。用显微镜观察时，可看到精子遍布全视野，相互间的空隙小于1个精子长度，看不到单个精子活动情况为"密"；精子与精子间的空隙相当于1~2个精子的长度，能看到单个精子活动为"中"；精子与精子间空隙超过2个精子长度，视野中只有少量精子为"稀"。密度在中等以上的精液才能用于输精。

计算精子数目的方法有计数法和比色法2种。常用的是计数法，其操作步骤如下。

第一步，混匀精液，用红细胞计数器吸管吸取精液至刻度

0.5（稀释200倍）处，再继续吸入3%～5%的氯化钠溶液至刻度100处。注意吸管内不能出现气泡，然后擦净吸管尖端，用拇指和食指按住吸管两端，上下翻转几次，使精液与氯化钠溶液充分混合。

第二步，检查前弃去吸管前端4～5滴稀释精液。

第三步，将吸管尖放在计数板中部的边缘处，轻轻滴入1滴稀释精液，让其自然流入计数室内。

第四步，将显微镜调整到200～600倍，全视野覆盖计算室上一个大方格的刻线。计数室上共有25个大方格，计数的5个大方格取上下左右中各1个，即第一、第五、第十三、第二十一、第二十五个。

第五步，记下5个方格内的精子数。计算时，遇到压线精子，只计算上边和左边的头部压线精子。

第六步，将5个大方格内的精子总数乘以1000万，求得1毫升原精液的精子密度。为减少误差，取2次样品计数的平均值。

（5）活力　活力也叫精子活率。是指在37℃温度条件下，精液中呈直线前进运动的精子百分率。精子活力是评定精液品质的重要指标。检查时，用灭菌玻璃棒蘸取1滴精液，置于载玻片上，加盖玻片，在200～600倍显微镜下观察。全部精子都呈直线前进运动则评为1级，90%的精子呈直线前进运动为0.9级，以此类推。通常原精液精子活力在0.7级以上。原精稀释后活力在0.4级以下、冻精解冻后活力在0.3级以下时，不宜用于输精。

（6）畸形精子比率　凡是精子形态不正常的均为畸形精子，如头部过大或过小、双头、双尾、断裂、尾部弯曲、带原生质滴等。合格精液的精子畸形率不得超过14%。

6. 鲜精稀释与保存

（1）精液稀释　精液采集后要立即进行稀释。稀释的目的不仅是为了增加精液容量，延长精子的存活时间，降低附性腺分泌物对精子的危害，而且可补充精子代谢所需要的养分，缓冲精液中的酸碱度，抑制细菌繁殖，从而达到提高公羊的配种能力和母羊受胎率的目的。

不同条件下保存的精液所用的稀释液不同，但都要求等温稀释，即稀释时，稀释液温度与精液温度相同或相近，而且要尽快稀释，以避免精子受刺激而死亡。稀释时，先将精液吸至经清洗、消毒的暗色小瓶内，再将事先准备好（经水浴或恒温箱保存加温）的稀释液沿瓶壁缓缓加入，然后轻轻摇动混匀。通常根据精子活力和密度稀释精液。鲜精按1∶10～15稀释，冻精按1∶3～4稀释。

（2）精液保存

①低温（2～5℃）保存　通常是置冰箱冷藏室保存。即将装有稀释好的精液瓶子包上8～12层纱布（逐渐降温），放入冰箱2～5℃冷藏室保存。保存时间以不超过2天为宜。在低温条件下，精液保存的时间较长，因此，可给精子补充能量和缓冲精子代谢过程中产生的乳酸和碳酸等有害离子的葡萄糖柠檬酸钠稀释液，也可用理化特性较适合精子存活的脱脂羊奶。生产中可选择A、B、C三种稀释液。

A液：取葡萄糖3克，柠檬酸钠3克，加双蒸馏水至100毫升，经过水浴消毒30分钟，放入冰箱保存。用时取该基础液80毫升，加蛋黄20毫升，青霉素10万单位，链霉素100毫克。

B液：取葡萄糖3克，柠檬酸钠14克，加双蒸馏水至100

毫升，经过滤、消毒后，放入冰箱保存。用时取该基础液50毫升，加消毒脱脂羊奶50毫升，青霉素10万单位，链霉素100毫克。

C液：将羊奶煮沸、去脂肪后，装入盐水瓶水浴消毒30分钟，置于冰箱保存、待用。

②室温保存　在没有低温保存条件或者采精后能及时用完的情况下，可采用室温保存法。室温保存应尽量选择凉爽环境，如悬吊在井内或放置在地窖里，尽量避免因环境温度偏高造成精子快速运动、消耗能量而过早衰老、死亡。保存时间不超过1天。保存用稀释液可选择D、E、F三种稀释液。

D液：维生素B_{12}注射液。

E液：0.9%的氯化钠注射液。

F液：葡萄糖（5%）氯化钠（0.9%）注射液。

周占琴等（1998）试验证明，维生素B_{12}注射液稀释的波尔山羊精液在37℃温度条件下有效存活时间分别是0.9%的氯化钠注射液与葡萄糖氯化钠注射液的2.96倍和2.35倍。因此，维生素B_{12}注射液是山羊精液理想的常温保存稀释液。葡萄糖氯化钠注射液可为精子补充能量，因此，其保存效果优于氯化钠注射液。

7. 冷冻精液解冻

（1）解冻液选择　与干解冻和2.9%的柠檬酸钠液解冻效果相比，维生素B_{12}注射液解冻的山羊精子不仅活力较旺盛，而且解冻后精子在37℃温度条件下的平均有效存活时间比前两种方法解冻的精子存活时间分别长3.4倍和2.05倍。因此，维生素B_{12}注射液是山羊颗粒冷冻精液理想的解冻液。

(2)颗粒冷冻精液解冻方法　先取已消毒的小试管,加入维生素B_{12}注射液0.3毫升,置于45~50℃温水中水浴升温。再将装精液的小袋提至液氮罐颈基部(注意不得提至颈口),用镊子夹取冷冻精液2粒,迅速投入已升温的盛有维生素B_{12}注射液的解冻管内,轻轻摇动解冻管,待精液颗粒融化至1/3体积时,提离水面,继续摇动至完全融化。取1滴解冻精液置于显微镜下观察活力,显微镜应置于保温箱内,温度控制在35℃左右。解冻精子活力在0.3以上的精液方可用于输精。解冻时注意动作要轻、稳、快,严防水浴用水进入解冻管。解冻后的精液应当立即使用,不要久置,更不要突然升降温度或反复升降温度。

(3)细管冷冻精液的解冻方法　细管冷精解冻有2种方法可供选择。第一种为一步解冻法,直接将细管冷冻精液置入38~42℃温水中,待解冻后立即提离水面。第二种为两步解冻法,即先将细管浸入60~70℃热水中,待精液融化1/3~1/2时,将其移至与室温相近的温水中继续解冻。

8. 输精

(1)输精时间的确定

母羊的发情表现与膘情、年龄、光照等因素有关。一般来说,在日照逐渐缩短、气温较凉爽的秋季,青壮年母羊发情表现较明显,发情持续期可达48小时以上;老龄羊、瘦弱羊及部分处女羊发情表现不太明显,而且持续时间较短。冬季气温偏低时,羊发情表现较差。但应强调指出的是,羊个体间表现差异较大,少数羊表现为安静发情。因此,在绵、山羊繁殖季节,饲养员应勤观察,每天早晚用试情公羊试情,并根据母羊的行为表现等做出判断。

①行为表现　绵、山羊发情时，常常表现为兴奋不安，对外界刺激较敏感，频频摇尾。按压十字部时，其摇尾现象更为明显。接受公羊爬跨或主动接近公羊、爬跨公母羊、爬墙或栏杆，食欲减退，不时咩叫。

②外阴部表现　发情初期，外阴部肿胀、湿润，但颜色较浅，流出较清亮的黏液。到发情中期，外阴部变为潮红色，肿胀更为明显，流出的黏液稠如面汤，此时便可输精。发情结束时，外阴部肿胀逐渐消退，颜色变为紫红色或暗红色，且黏液干结。

③阴道内表现　用开膣器打开阴道，可见阴道表面湿润、充血、潮红、黏液较稠，子宫颈口肿胀、开张、有光泽，此时便可输精。如果羊膘情较好，阴道为浅红色或粉红色、黏液较清亮、子宫颈口肿胀不明显或未开张，可以判定该羊为发情初期，还不宜输精。如果阴道内黏液黏稠结块，子宫颈口肿胀有所消退，颜色变暗，可判定该羊发情即将结束。

一般老龄母羊和处女羊发情持续期短，可在发情早期（发情12小时左右）配种，间隔12小时后再配第二次。青壮年羊发情持续期长，可在发情中期（发情24小时左右）配种，间隔12小时后再配第二次。

（2）输精前的消毒准备

①检查精液　输精前必须对所用的精液进行镜检。显微镜保温箱的温度应升到35℃。经镜检合格的精液方可用于输精。

②升温　低温保存的精液应根据需要，吸入小瓶内，然后将小瓶在35℃左右的温水中升温1~2分钟，立即输精。

(3）输精方法

①传统人工授精方法

A. 保定母羊　保定者倒骑母羊，两腿夹住母羊颈部，两手提起母羊后肢，使母羊身体纵轴与地面呈45°夹角，便于寻找子宫颈口，准确输精。

B. 冲洗母羊外阴部　用新配制的0.1%的高锰酸钾溶液，自流式冲洗母羊外阴部，再用消毒纱布或毛巾擦干。

C. 输精器械消毒　用过的输精器械先用酒精棉球由前向后擦洗，再用生理盐水纱布擦洗1次，方可用于输精。

D. 输精操作　输精员手持消毒好的开膣器，与地面呈30°夹角，采用沿阴道背部先上、后平、再下的方法，插入母羊阴道内，在其前方的上、下、左、右寻找子宫颈口，向子宫颈插入输精器1～3厘米，放松开膣器，推送精液，然后抽出开膣器及输精器。精液被输入子宫颈口（见图4-1）。

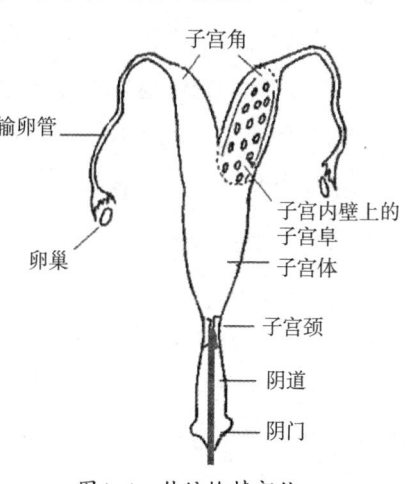

图4-1　传统输精部位

E. 输精量　鲜精输精，按每次输入有效精子5000万个计算输精量；冻精输入方法同鲜精，输入剂量为每次2粒或1支。

F. 输精时应注意事项

第一，要防止精液被污染。活力太差的精液往往不能受精。活力较好的精液如果因输精技术不当，将环境性致病菌带进子宫腔，同样可引起母羊不孕。由于致病菌的代谢产物可刺激子宫黏膜分泌前列腺素，使黄体消退，微生物还可能直接使精子、合子和胚胎死亡。

第二，要适时输精。不管是老化卵子与新排精子，还是老化卵子与老化精子，新排卵子与老化精子的结合，都会出现胚胎早期退化现象。如果推迟配种，虽然可使接近受精末期的卵子受精，但由于卵子老化，受精的卵子不管能否附植，大多数不能继续正常发育，胚胎被吸收或胎儿发育异常，老化的精子也可导致类似的情况，但由于输入的精液实际上含有成熟状态不同的精子，这种异质性减缓了早输精的不利影响。在这种情况下，未成熟的精子逐渐成熟，确保了排卵时有获能的活动精子。卵子的情况就截然不同。未受精的卵子在排卵后保持受精能力的生命周期较短，很少超过8～10小时。因为精子主要是由稳定的染色质和退化的细胞质组成；而卵子是一个含有各种细胞器的细胞质球，由于细胞核和细胞质中的细胞器缺乏稳定性，排卵后卵子在输卵管里就会发生衰老等问题。

不适时配种的另一种现象是妊娠后误配。由于胎盘产生促性腺激素，部分羊孕后仍出现发情表现，如果再次配种往往导致胚胎死亡。

第三，输精动作要轻而快，防止损伤羊阴道和子宫。

第四，处女羊阴道狭小，不适宜使用开膣器。如果需要采用人工授精技术，必须让有经验的配种员操作。

第五，利用传统人工授精技术久配不孕的母羊，在治疗好生殖道疾病后可改为公羊自然交配或采用腹腔镜人工授精。

②腹腔镜人工授精方法

输精前，母羊应禁食12～24小时。输精时，把母羊固定在保定架上，使其呈仰卧状。术部剃毛、消毒后，升起固定架，使母羊前低后高，呈45°～60°角倒立仰卧状，然后在乳房前腹中线左侧插入带套管的锥头，拔出锥头后，插入内窥镜，并打开气腹机向腹腔充入适量二氧化碳气体，使内脏器官移向前部，便于寻找子宫角，观察卵巢发育情况。对于有成熟卵泡的母羊，可在腹中线右侧相对应处用小号套管锥头刺穿腹壁，拔出锥头，将装有精液的输精器针头通过套管插入腹腔，向有卵泡发育的一侧子宫角注入精液，注入有效精子数达到500万即可，然后缝合伤口。

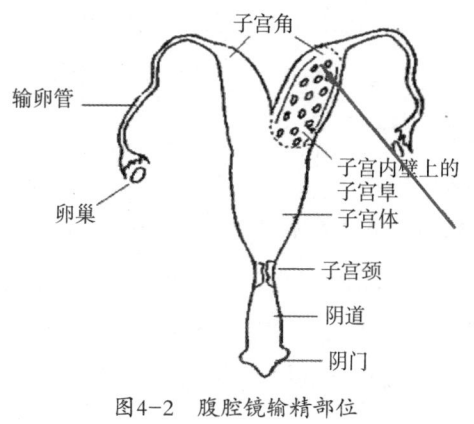

图4-2 腹腔镜输精部位

第四节 羊妊娠诊断

早期妊娠诊断可以尽早查清空怀母羊，以便采取补救措施，提高繁殖力。生产中人们通常将配种后两个情期内未出现

发情症状的母羊判定为妊娠,但这种方法不准确。目前生产中可利用的比较可靠且简单易行的方法有以下几种:

一、巩膜检查法

检查时,翻开母羊上眼睑,发现瞳孔上方巩膜的一根直立微血管变得粗大、充盈、呈紫红色,凸显于巩膜表面,可判断该母羊妊娠。但这种判断方法需要反复比较与练习,积累经验。

二、B超诊断法

便携式动物超声扫描仪(简称B超仪)具有诊断准确率高、安全性好和容易操作等特点,对配种后30～80天绵、山羊的妊娠诊断准确率可达到99%。B超妊娠诊断法又分为直肠诊断法和腹壁诊断法2种。

1. 诊断方法选择

B超妊娠诊断方法通常是根据配种时间和羊的体格大小确定的。一般来说,配种后30～50天的母羊胎儿较小,子宫位置变化不大,通过直肠便可观察到子宫形态,可由此确定该母羊是否怀孕。但到配种50天后,随着胎儿的发育,子宫的形态和位置都发生了较大变化,利用直肠检查就很难观察到子宫形态,因此无法做出正确的判断。即使配种50天以内的母羊,如果体格较大或在饱食之后,通过直肠观察也较困难,需要结合腹壁诊断予以判定。

2. 诊断准备

(1)禁食12小时左右。

（2）对乳房两侧肷部羊毛着生较多的绵、山羊，可用刀片刮去一侧羊毛。

3. 诊断操作

（1）直肠诊断法 母羊采取站立保定。操作人员将涂有耦合剂的探头轻轻插入母羊直肠，找见膀胱，在膀胱图像左右两侧或下侧轻轻移动探头进行扫描，同时观察荧光屏图像显示情况。

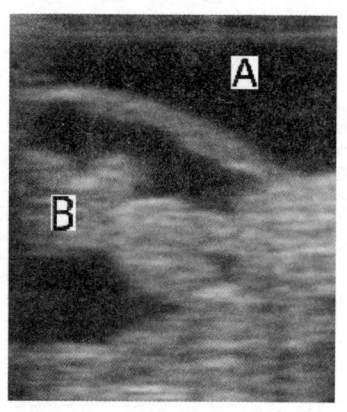

图4-3 妊娠母羊B超诊断图
（A为膀胱，B为子叶）

（2）腹壁诊断 母羊可采取站立保定或躺卧保定。操作人员将涂有耦合剂的探头放在乳房左侧或右侧右肷部，紧贴皮肤向前后、左右移动扫描，观察荧光屏图像显示情况。

4. 诊断判定

操作时，一旦在荧光屏图像上看到子宫腔体明显，有胎水和胎盘子叶或子宫腔体内有胎体、胎心搏动，就可判定怀孕；如果看不到子宫腔、胎水、胎盘子叶，也不见搏动的胎体或胎心，只见子宫结构完整如初即可判为空怀。

三、激素检测法

激素检测法就是利用母羊怀孕后血液孕酮含量明显上升这一生理特点，在母羊配种后第20～25天，利用放射免疫法测定母羊血液孕酮含量。如果绵羊血浆孕酮含量高于1.5ng/ml，就可以判定为怀孕，其诊断准确率可达到93%。

第五节　接产与助产

一般来说，绵、山羊的分娩较其他家畜容易，尤其是放牧羊很少出现难产。因此，在正常情况下，人们不必过多地干涉。但在舍饲条件下或羊体况较差时易出现难产，通常为了保证母羊和羔羊的安全，分娩前应做好助产的准备工作。接产人员应随时注意监视母羊的分娩情况，护理好羔羊。

一、接产前的准备

1. 接产室的准备

在集中舍饲条件下，应设有接产室或在舍内开辟专用分娩栏，并在使用前进行严格消毒，铺上干燥、清洁的垫草。室内温度应保持在5～10℃，温度过低的产房应添置取暖设备。在温暖的产房内产羔，可以降低羔羊的死亡率，并对下一步的羔羊早期培育也十分重要。

2. 待产母羊的处理

将有分娩征兆的母羊放入接产室，每只母羊应占有2平方米的面积。产前母羊可饮淡盐水或喂给麸皮等轻泻性的饲料。

3. 接产用具的准备

产羔期间应备好产箱，箱内应备有碘酒、药棉、线绳、剪刀、毛巾、纱布条等。

4. 接产人员的准备

助产人员应受过专门培训，熟悉母羊分娩生理规律。

5. 待产母羊的观察

母羊临产前，表现为：乳房肿大，乳头挺立饱满；阴门肿胀潮红，有时流出浓稠黏液；肷窝下陷，行动困难，排尿次数增多；起卧不安，不时回顾腹部或喜卧墙角，卧地时两后肢向后伸直。

二、接产方法

母羊正常分娩时，羔羊在羊膜破后半小时之内就能产出，两前肢及头部先出，且头部紧靠在两前肢上面。产双羔或多羔的母羊通常间隔几分钟甚至半个小时后产出另一只羔羊。羔羊出生后，接产人员迅速将羔羊的口腔、鼻腔里黏液掏出擦净，以免吞咽羊水引起窒息或异物性肺炎，并用浓碘酒对脐带断口进行浸蘸消毒，然后让母羊舔干羔羊。如遇到寒冷天气或者母羊产多羔，接产人员可用毛巾擦干羔羊，称重后放回母羊身边，让其尽早吃上初乳。

三、助产

1. 助产准备

当母羊出现分娩征兆后，注意做好产前的准备工作，接产人员要剪短指甲、洗净手臂并进行消毒，有条件的可戴上长臂乳胶手套。观察母羊分娩进程，检查胎位是否正常，并将羊外阴部清洗干净并予以消毒。

2. 助产方法

因初产母羊骨盆和阴道狭小或因母羊体质较差而无法正常产出羔羊时，需要进行人工助产。具体方法是：用膝盖轻压母羊胯部,等羔羊嘴端露出后,一手向前推动母羊会阴部,另一只手握住羔羊前肢,随着母羊的努责向后下方拉出胎儿。如果遇到胎位不正,可先将胎儿露出部分推回子宫,再将母羊后躯抬高,伸手入产道,矫正胎位,随着母羊努责,拉出胎儿。胎儿过大时,可将胎儿两前肢反复拉出和送入,然后拉出。

3. 助产时注意事项

(1) 在矫正和牵引过程中,一定要分清羔羊的前后肢或双羔不同胎儿的前后肢。必须保证所牵引的是同一胎儿的前肢或后肢。

(2) 助产过程中,如果发现产道干燥,可向子宫内注入消毒温肥皂水,并在产道内涂上无刺激性润滑油剂,然后再行牵引救助。

(3) 如果确因胎儿过大而不能拉出,可采用剖腹术或截胎术。

(4) 助产完成后,向母羊子宫注入抗生素,并肌注缩宫素。

(5) 对人工助产娩出的胎儿,先用手把脐带中的血向羔羊脐部捋几下,然后用消毒剪刀在离羔羊肚皮3~4厘米处剪断脐带,再用浓碘酒浸蘸消毒。

4. 假死羔羊的处理

羔羊产出后,身体发育正常,心脏仍有跳动,但不呼吸,这种情况称为假死。羔羊假死主要原因是吸入羊水、子宫内缺氧、分娩时间过长和受冻等。出现这种情况时,一般可采用下列2种方法复苏。一种是提起羔羊两后肢,使羔羊悬空并拍击其胸、背部;另一种方法是让羔羊平卧,用双手有节律地推压胸部两侧。短时间假死的羔羊,经处理后,一般可以复苏。因受凉而造成假死的羔羊,应立即移入暖室进行温水浴,水温由

38℃逐渐升到45℃。水浴时，应注意将羔羊头部露出水面，严防呛水，同时结合胸部按摩，浸20~30分钟，待羔羊复苏后，立即擦干全身。我国北方农户常常将这类假死羔羊放在热炕上或铺有电热毯的床上加温保暖，也取得了较好的复苏效果。

四、母羊的产后护理

母羊在分娩过程中失水较多，新陈代谢功能下降，抵抗力减弱。此时如果护理不当，不仅影响母羊的健康，使其生产性能下降，而且还会直接影响到羔羊的哺乳。

1. 检查胎衣

仔细检查胎衣是否完整，有无病变。如果发现异常，应及时报告兽医。

2. 注意产房环境

产后母羊应注意保暖、防潮，避免贼风，预防感冒，并使母羊安静休息。

3. 注意供给温水和易消化的饲料

产后1~2小时，给母羊饮用加少许食盐和麸皮的温水、米汤或豆浆，但不宜过多，更不能饮冷水。然后喂给优质易消化的青干草和胡萝卜等多汁饲料。精料不宜过多，可减至原饲喂量的70%左右，1周后逐渐恢复并增加饲喂量。

第五章 圈舍建设

环境是动物赖以生存的条件,不适宜的生活环境不仅影响动物正常的生存与生长,而且影响生理特点的表现和生物学性状的正常发挥,进而影响到群体生产水平。因此,必须为羊群,尤其是舍饲羊群提供适宜的圈舍条件,并采取科学的饲养管理方法,使其遗传潜能得到充分发挥,使生产性能和养殖效益得到进一步改进与提高。

第一节 羊场的规划和设计要求

一、场址选择的要求

在新建羊场时,不论是大型羊场,还是专业户对场址的选择,都应关注以下环境条件:

(1)距离生活饮用水源地、动物屠宰加工场所、动物和动物产品集贸市场500米以上;距离种畜禽场1000米以上;距离动物诊疗场所200米以上;动物饲养场(养殖小区)之间距离不少于500米。

(2)距离动物隔离场所、无害化处理场所3000米以上。

(3)距离城镇居民区、文化教育科研等人口集中区域及公路、铁路等主要交通干线500米以上。

同时要对当地及周围地区的疫情进行充分的调查了解，切忌在传染病疫区和寄生虫经常暴发地区建场。羊场周围居民和畜群要少，尽量避开附近场、专业户及羊群转场通道，所处地势一旦发生灾情，容易隔离、封锁。

（4）地势条件　羊宜生活在干燥、通风、凉爽的环境之中。场址应选择在地势较高、土质较好（如沙壤土）、背风向阳、空气流通、排水良好、地下水位较低（低于建筑物地基深度0.5米以下）、便于保温的地方。在地势低凹、潮湿的地方建场，不利于羊群的生长发育，也容易感染寄生虫病。

（5）水源水质　要求四季水量供应充足，水质良好，离羊舍近。最好的水源是泉水、溪涧水或消毒过的自来水，其次是江河中流动的活水，再次是池塘水。水源必须保持清洁卫生，防止污染。羊只饮用被污染的脏水后，很容易引起消化道疾病和感染寄生虫病。

（6）饲料来源　建场要考虑饲料（包括粗饲料、青贮饲料和精料补充料等）供给条件，羊场周围要有充足的放牧草地，特别是育肥肉羊场，必须有足够的饲料基地或稳定的饲料来源。

（7）其他因素　羊场的饲料和粪污运输量较大，所以要求交通方便。但交通干线又是疫病传播的重要途径，因此应与公路保持500米以上的距离。同时，还要注意通信、电力供应等因素。

二、羊场布局的要求

羊场依规模的大小，大致分成三大区，即管理区（包括行政办公房、职工宿舍及生活福利等设施）、生产区（包括各类羊舍、棚圈、产房、补饲场、饮水场、饲料加工调配间、饲料库及其他产品加工厂、人工授精室及干草堆放处等）及病畜管理区（包括病羊隔离舍、兽医诊疗室等）。例如图5-1。

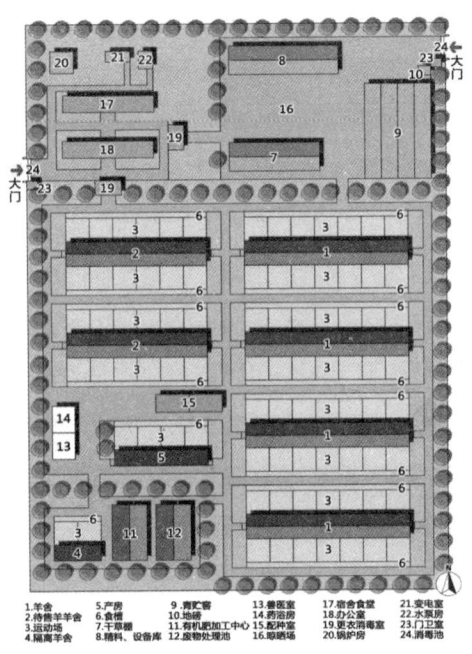

图5-1 羊场布局图

场区周围建有围墙，场区出入口处设置与门同宽，长4米、深0.3米以上的消毒池。管理区应放在上风方向，与其他两区分开，并有隔离设施；生产区入口处设置更衣消毒室，各养殖栋舍出入口设置消毒池或者消毒垫区，区内建有公羊舍、种母羊舍、产房、羔羊和青年羊舍、育肥羊舍等。因为公羊具有强烈的羊膻味，对刺激母羊发情有良好的影响，因此可把公羊舍置于母羊舍的上风向；采精室靠近公羊舍。繁殖母羊舍与羔羊舍相邻。运动场应与羊舍相连。饲槽、水槽的长度和数量以羊采食、饮水不拥挤为原则,各羊舍之间距离保持在5米以上或者有隔离设施;生产区内清洁道与污染道分设;饲料加工区也要位于上风区并与生活区和生产区保持一定距离,以利防火、防污染;青贮饲料窖、干草棚和精料库要相对集中,便于加工。

病羊隔离舍、粪池、尸体坑应处下风方向,并与养羊区保持200米以上的距离。饲料加工贮存车间应与饲养场处于同一条线上。

三、羊舍设计的原则和要求

1. 羊舍设计的原则

(1)为羊创造适宜的环境 适宜的环境可以充分发挥羊的生产潜力,提高饲料利用率。因此,所修建的羊舍必须符合羊对温度、湿度、通风、光照和空气质量等环境条件的要求。

(2)便于羊群饲养管理 羊舍空间与结构有利于保障生产的顺利进行和畜牧兽医技术措施的实施,如羊群的组群、周转、喂饲、饮水、清粪以及称重、防疫注射、采精输精、接产护理等。

(3)有利于卫生防疫 修建羊舍时还应根据环保卫生要求,确定羊舍的朝向、设计消毒设施、合理安置污物处理设施等,以利于兽医防疫制度的执行,防止或减少疫病的发生。

2. 羊舍建筑的基本要求

(1)羊舍位置与走向 要求羊舍所处位置相对较高,排水通风良好,位于办公区和生活区的下风方向,东西走向,屋角对着冬、春季节的主风方向。

(2)羊舍面积 羊舍应有足够的面积,使羊在舍内不感到拥挤,可以自由活动。建筑时可参考以下标准:种公羊每只占用面积不少于1.5~2.0平方米,母羊0.8~1.0平方米,育成羊0.8平方米,怀孕或哺乳母羊1.2平方米,断奶羔羊0.5平方米。羊舍外设运动场,与羊舍相连,运动场的面积一般为羊舍面积的3倍左右,地面向南呈斜坡,便于排水,保持场内干燥,周围用砖或其他材料砌成围墙,高1.3~2.0米。

(3)羊舍的高度　应根据羊舍类型及容纳羊数决定,容纳羊数愈多,羊舍可以适当高些,一般高度2.5米左右,修建单坡式羊舍时,后墙高度1.8米左右,南方地区的羊舍高度适当比北方高些,以利于防暑防潮。

(4)羊舍的建筑材料　可采用石头、土坯、砖瓦、木头等作为建筑材料。

(5)羊舍门窗要求　羊进出羊舍容易拥挤,怀孕母羊羊舍的门适当宽一些,一般宽1.6米,饲养其他羊只的门宽1.4米。羊舍内应有足够的光线,保持舍内卫生,窗户的面积一般占羊舍面积的1/15,下框离地面1.5米左右。后窗面积不宜过大,离地面比前窗要高,呈窄长形,便于冬季封严。

(6)羊舍地面　羊舍地面应高出舍外地面20~30米,防止雨水流入,一般羊舍以土地面为宜,饲料室用水泥面。

(7)羊舍温度　一般羊舍冬季温度应保持在5℃以上,羔羊舍不低于10℃,产羔舍以8~10℃为宜。

第二节　羊舍的基本结构

羊舍的基本结构如图5-2所示。包括基础、墙、屋顶、地面、门窗等。根据主要结构的形式和材料的不同，可分为砖结构、木结构、钢筋混凝土结构和混合结构。基础和地基是房舍的承重构件，共同保证羊舍坚固、耐久和安全。因此，要求其必须具备足够的强度和稳定性，防止羊舍因沉陷过大和产生不均匀沉降而引起裂缝和倾斜。

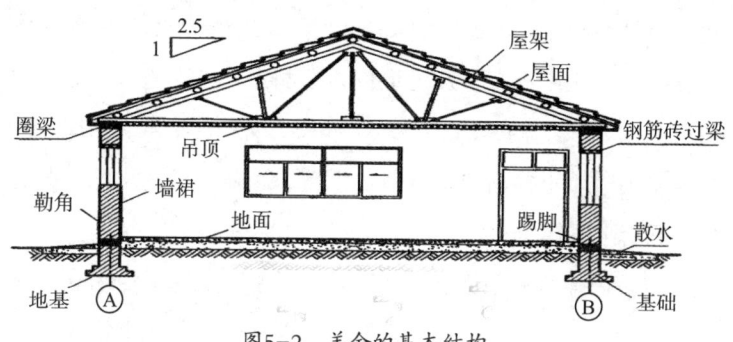

图5-2 羊舍的基本结构

一、基础

基础是羊舍地面以下承受羊舍的各种负荷并将其传给地基的构件，应具备坚固、耐久、抗机械作用能力及防潮、抗震、抗冻能力。如条形基础一般由垫层、大放脚（墙以下的加宽部分）和基础墙组成。用作基础的材料除机制砖外，还有碎砖三合土、灰土、毛石等。北方地区在膨胀土层修建羊舍时，应将基础埋置在土层最大冻结深度。而且要注意防潮、防水处理。

二、地基

地基是基础下面承受负荷的那部分土层。在建筑羊舍之前，应确切地掌握有关土层的组成情况、厚度及地下水位等资料。沙砾、碎石、岩性土层以及有足够厚度且不受地下水冲刷的沙质土层是较好的天然地基。必要时，可对土层经过人工处理加固，只有这样，才能保证地基的承重能力。

三、墙

墙是羊舍的主要结构。以砖墙为例，墙的重量占畜舍建筑物总重量的40%~65%，造价占总造价的30%~40%。同时墙体也在羊舍结构中占有特殊的地位，据测定，冬季通过墙散失的热量占整个羊舍总失热量的35%~40%，舍内的湿度、通风、采光也要通过墙上的窗户来调节，因此，墙对羊舍内温湿状况的保持起着重要作用。

羊舍墙体必须坚固、耐久、抗震、耐水、保温、防火、抗冻，结构简单，便于清扫、消毒，同时应有良好的保温与隔热能力。墙体的保温、隔热能力取决于所采用的建筑材料的特性与厚度。常用的墙体材料主要有砖、石、土、混凝土等，也可在双层砖墙中间夹聚苯板或岩棉等保温材料或直接用彩钢复合板作墙体。

四、屋顶

屋顶是羊舍顶部的承重构件和围护构件，主要作用是承重、保温隔热和防水。屋顶对于羊舍的冬季保温和夏季隔热都有重要意义。屋顶除了要求防水、保温、承重外，还要求不透气、光滑、耐久、耐火，结构轻便、简单，造价便宜。任何一种材料不可能兼有防水、保温、承重三种功能，所以正确选择屋顶、处理好三方面的关系，对于保证畜舍环境的控制极为重要。

屋顶形式种类繁多，在羊舍建筑中常用的有以下几种形式（图5-3）：

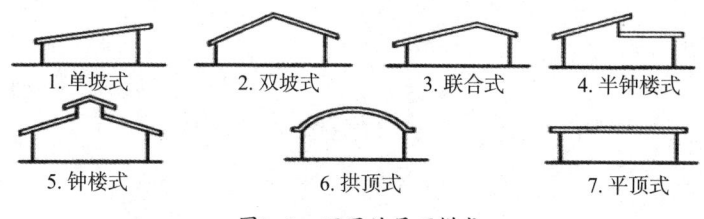

图5-3　不同的屋顶样式

1. 单坡式屋顶　屋顶只有一个坡向，跨度较小，结构简单，造价低廉，可就地取材。因前面敞开无坡，采光充分，舍内阳光充足、干燥。缺点是舍内低矮，不便于工人操作，前面容易刮进风雪。故多见于小规模羊场或农户的单列式羊舍。

2. 双坡式屋顶　这是目前我国使用较为广泛的羊舍屋顶形式，这种结构有利于保温和通风，而且容易修建，比较经济。适合各种规模的羊舍，尤其是跨度较大的羊舍。

3. 联合式屋顶　这种屋顶是在单坡式屋顶前缘增加一个短檐，起挡风避雨作用，适用于跨度较小的羊舍。与单坡式屋顶羊舍相比，采光略差，但保温能力较强。

4. 钟楼式和半钟楼式屋顶　这是在双坡式屋顶上增设双侧或单侧天窗的屋顶形式，有利于通风和采光，但屋架结构复杂，用料（特别是木料）投资较大，造价较高。这种屋顶结构适用于温暖地区跨度较大的羊舍。

5. 拱顶式屋顶　是一种省木料、省钢材的屋顶，一般用砖、石等材料建设。跨度较小的羊舍用单曲拱，跨度较大时用双凹拱，拱顶须进行保温和防水处理。这类屋顶造价较低。

6. 平顶式屋顶　随着建材工业的发展，平屋顶的使用逐渐增多。这可充分利用屋顶平台。此外，还有哥特式、锯齿式、折板式等形式的屋顶，这些在羊舍建筑上很少选用。

第三节 羊舍的主要类型及设施

一、按羊舍结构情况划分

1. 长方形双列式羊舍

这是我国北方地区舍饲羊场常见的羊舍。其跨度一般为12～14米，长度为50～100米，建筑结构比较简单、实用。舍内要有固定的饲槽和饮水槽，以便雨雪天气和寒冷的冬季使用。为了便于机器喂料，内部结构通常为对头式（两排饲槽中间为走廊），走廊为水泥地面，宽度为3米左右。在羊舍侧面设运动场，围栏与羊舍相连。羊舍侧墙下部留有羊群出入口，使羊群能自由进入运动场。在运动场内设凉棚或栽种阔叶树，运动场外沿建食槽和饮水池，羊群通常在运动场活动、进食，养殖人员可驾驶喂料机饲喂。见图5-4。

图5-4 长方形双列式羊舍

2. 棚、舍组合式羊舍

这种羊舍适合于温暖地区，羊只平时在棚内过夜，冬季或产羔时进入羊舍。

3. 简易式棚舍

这种棚舍应向阳，且以单坡式能防雨的简易棚台为主。棚的前檐高1.7～2.0米，后面高为2.2～2.5米，顶坡度呈25°角，棚宽4～5米，长度根据羊的数量而定，周围用铁丝网、木棍（竹竿）或砖围住，只要羊钻不出来即可。棚内建有能遮雪、保暖的小羊舍。

4. 暖棚羊舍

近年来，我国北方地区推广冬季暖棚养羊的新方法。这种羊舍以原有三面围墙的敞棚圈舍为基础，在舍前面2.5～3米处，建一道高度为1.2米左右的前墙，墙的中部留约2米宽的舍门，前墙与棚檐之间用木杆或木框支架，其仰角为30°～45°，木杆间隔距离30～50米，木杆上面覆盖加厚农膜，用木条将农膜固定，四周用泥土紧压固定，舍门以门帘遮挡，原圈舍的两山墙中间离地面1.5米高处，各留一个30厘米×30厘米可开关的进气孔，在棚顶最高处留两个百叶式排气窗，其面积应为进气孔的2倍。棚舍的大小根据养羊数量而定。产羔季节，在暖棚内阳光充足一侧，隔出若干个产羔栏，每栏面积1.8～2.0平方米。利用农膜暖棚式养羊，出牧前30分钟应打开进气孔、排气窗，使棚内温度逐渐降至与外界气温大体平衡后再出牧。

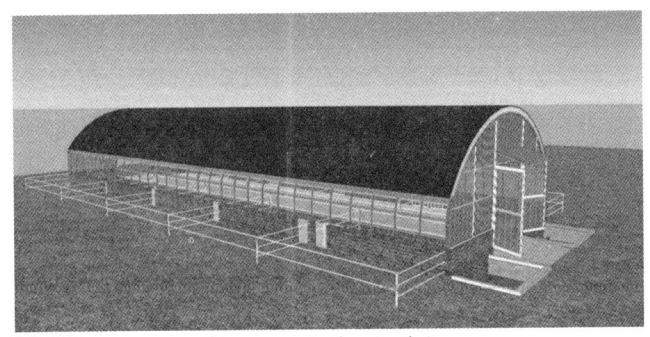

图5-5 塑料暖棚羊舍

二、按羊舍封闭程度划分

1. 简易封闭式羊舍

（1）土、木结构式圈舍 圈舍的四周用土坯砌成，用木头架顶，顶上用瓦或油毛毡盖住。这种圈舍省钱，但不耐用，多在农区使用。其羊舍一般为单列式走道，羊舍宽3米左右。其中走道占0.8米，饲槽和栏杆占0.4米，羊床占1.8米。羊舍的长度以羊只数量多少而定（每只羊占0.35米），如养10只基础母羊，羊舍实际长度4米（其中包括栏杆、头留、出入小门）即可，舍高2米。羊舍要尽可能坐北向南，背风向阳。

（2）木式圈舍 圈舍的围墙、舍顶全部用木头或木板做成。

（3）竹式圈舍 圈舍的围墙、舍顶全部用竹子做成，舍内的设施也以竹子为主。也有一些羊舍以竹子为主，辅以其他材料。这种羊舍主要见于多雨的南方地区。

2. 半开放式羊舍

这种羊舍三面有墙，正面上部敞开，下部仅有2米左右的半堵墙，主要见于农区，很多农户将民房改建成这种形式的羊舍。其优点是结构简单，建筑简便，就地取材，经济实用。

对场地面积要求不大，在山坡、山脚均宜建造，夏天能挡日避暑，冬天能防风保暖，夜能防止兽害。缺点是坚固性差，易受风雨侵袭。可作为临时性羊舍。

3. 开放式羊舍

开放式羊舍是三面有墙，一面敞开的羊舍。舍墙用泥土筑成或石块砌成，围栏用土石筑成或竹、木编扎而成。开放式羊舍结构简单，节省材料，造价低廉，经济实用，而且空气流通好，光线充足，舍内干燥，夏季凉爽。其缺点是冬季比较寒冷，羊只冬季在舍内产羔，如不注意保暖和护理，往往容易引起羔羊冻死。开放式羊舍适合于温暖潮湿地区，圈舍大小可根据羊群规模决定。

4. 封闭型羊舍

主要见于生产水平较高的规模羊场。这种羊舍为四面有墙，前后有窗，屋顶为双坡式或平顶式并装有通气孔，前、后窗的基部设进气孔。对头双列式羊舍，羊床和饲槽都是沿羊舍长轴方向布置，中央为饲喂通道，通道两侧均为饲槽，饲槽后面为羊床，羊床后面为粪尿沟和清粪道。在两侧墙体的中央（正对饲喂通道）留门。在羊舍侧面设运动场，围栏与羊舍相连。前面介绍的长方形双列式羊舍就属于这一类。

三、羊的饲槽和草架

饲槽和草架有多种多样，有专喂粗饲料的草架、专喂精料的饲槽和两用草料架，还有固定式和移动式饲槽。

（1）固定式长方形饲槽　以舍饲为主的羊场应修建永久性固定式饲槽。双列对头式羊舍，饲槽应修在中间走道两侧；

双列对尾式羊舍，饲槽应修在靠窗户走道一侧。饲槽可用砖、石、水泥砌成，饲槽上宽45厘米，下宽35厘米，深20～25厘米，距地面40～50厘米，槽底应为半圆形，以便于清扫，槽长按每只羊40厘米计算。为了便于机械操作，槽外沿要低于槽内沿，一般槽外沿高度为20～25厘米，内沿高度为30～35厘米。

（2）移动式长条形饲槽　该种饲槽可用木板或铁皮制成，一般为哺乳羔羊用，宽13厘米左右，高10厘米左右。这种饲槽移动和存放方便。

（3）草架　利用草架喂羊，可避免践踏饲草，防止粪尿污染，还可整草投喂，具有省草省工、减少浪费的好处。草架有多种形式，有靠墙设置的单面固定草架，有长方形两面草架，还有两面用草料架，有的羊场和农户利用石块砌槽，水泥勾缝，钢筋作隔栅。草架隔栅间距为9～10厘米，羊可以自由伸过头去采食。

四、其他设施

（1）颈枷　规模羊场为了保证羊群均匀采食，避免争抢食物或发生争斗，可利用颈枷固定羊只。羊颈枷安装在固定食槽的内缘。多以细铁管或钢筋焊制而成，也有以木料制作的。其结构是上宽下窄，呈"凸"形，当羊头颈伸入吃草时，饲养员将可以上下翻动的横铁管（颈枷）扳下，挡住羊的头颈，使之不能退出；当饲喂完毕时，再将颈枷翻上去，羊只就可以自由退出。

（2）羔羊饲用盆架　羔羊饲用盆架多靠墙建，用砖和石灰垒成。地面至盆架上缘的高度为23厘米左右，墙体至盆架外缘的宽度（或直径）为23厘米左右。

（3）运动场　羊的运动场与羊舍相连，通常设在羊舍的南面，其面积为羊舍的3～5倍。羊舍地面应高出运动场地面60厘米。运动场地面要干燥，呈斜坡形，排水方便。周围用砖或其他材料砌成花墙或围墙，也可用铁丝围成高1.3～2.0米的围栏。羔羊喜欢跳跃和攀登，在羔羊的运动场可设置高台，高台呈台阶式，下大上小，一般底宽3.5米，顶宽0.5米左右，高1.5米左右。运动场要设水槽，四周设置饲槽。运动场四周还应栽种槐树、杨树、桐树等阔叶树种。饲养繁殖公母羊和羔羊的圈舍外必须设运动场，育肥羊舍不一定设运动场。

（4）药浴池　药浴池为长方形，一般用水泥、砖、石砌成。池顶宽60～80厘米，池底宽40～60厘米，深100～120厘米。长度和深度可灵活掌握，以羊不能在池内自由转身为宜。其入口呈斜坡，坡度较大，羊进入池后可迅速滑落其中；出口有缓坡或台阶，便于羊只药浴后在此停留，将身上多余的药液滴落流回浴池里。

第六章 经济效益分析

第一节 规模化羊场经营管理的基本理论

一、规模化羊场经营管理思想

经营思想是在经营活动中处理各种经营问题的基本指导思想,也是开展生产经营活动的行动准则。经营思想贯穿于羊场经营管理的全过程,对羊场的发展起着决定性作用。因此,必须具备下列要素:

1. 全局观点

羊场经营管理是畜牧业经济系统中的一个小系统,是整个系统有机体的一个细胞。它的生产经营活动必须服从国家的方针、政策、法令,以保证企业生产经营活动的正确方向。

2. 战略观点

羊场经营管理必须从整体的长远利益出发,树立战略观点。如果只顾眼前,短期行为,以一时的得失论成败,不注意长远利益和长远目标,没有面向未来的战略观点,势必会迷失方向,造成不应有的损失。因此,必须是近期目标与长远目标相结合,眼前利益与长远利益相结合。

3. 市场观点

市场是联系生产和消费的纽带。离开了市场，商品畜产品的价值和使用价值就不能实现，从而就会影响到企业再生产过程的顺利进行。因此，羊场经营管理必须以市场为中心，以消费者的需求为出发点，树立市场观点。随着经济的发展和人民生活水平的提高，人们对羊产品的需求也不断提高，消费者再也不完全满足于过去那种对初级羊产品的需求，而是转向高档羊肉，如果羊场经营管理不树立市场观点，就不可避免地陷入困境。

4. 创新观点

羊场的发展与创新有着密切联系。在社会需求瞬息万变，科学技术发展日新月异的时代，因循守旧，安于现状的小生产观点是没有出路的。要善于在市场上发现新的需求，广泛采用新的生产技术，在经营管理上勇于打破"旧框框"，勇于创新，主动适应外界环境的变化，充分挖掘内部潜力，才能在竞争中取得优势，保证企业不断发展，立于不败之地。

5. 效益观点

羊场在生产经营活动中必须讲求经济效益，也就是以尽可能少的劳动消耗和劳动占用，生产出量多质优的羊产品，以满足市场需要。为此，养羊企业必须对生产经营过程中供、产、销各环节和人、财、物等各资源要素的占用和消耗进行经常的分析，力求合理、经济、有效，做到增收节支，开源节流，从而提高经济效益。在养羊企业生产经营过程中还必须讲求全面效益，在保证社会效益和生态效益的基础上，力求提高经济效益。

二、规模化羊场的经营目标

羊场的经营目标是在企业经营思想指导下,在分析经营环境因素的基础上,坚持科学、合理、可行的原则而制定的。企业经营目标一般包括以下内容:

1. 发展目标

企业必须根据经营环境和经营思想制定长远和近期的发展目标,以指导生产经营活动。羊场发展目标必须明确规定企业经营规模和经营水平方面的要求,并且做到远近结合,构成发展目标体系。

2. 市场目标

不断地开拓市场是企业发展商品生产的重要条件,因此羊场经营目标中必须规定扩大市场范围,增加畜产品销售量,提高产品市场占有率等具体目标。同时还应根据市场发展趋势,创造新的市场需求。

3. 效益目标

在商品生产的条件下,羊场必须讲求有效经营,以提高经济效益为核心,力求降低生产经营活动的消耗,提高收益,这是企业生存和发展的保证。因此,羊场在经营目标中必须明确规定降低成本,增加盈利等具体目标。

确定经营目标是一项复杂的工作。企业在确定经营目标过程中,首先必须处理好全局与局部,长远利益与眼前利益的关系;其次,必须从实际出发,根据主客观条件,扬长避短,趋利除害,使经营目标建立在科学的基础上;再次,必须提高制定经营目标过程本身的科学性和经营目标的科学性,一方面依据对客观环境因素的认识程度，另一方面取决于目标制定过程的科学性，因此在制定目标过程中必须考虑到合理性、可行性、全面性、经济性等要求。

三、规模化羊场的经营策略

经营策略是为了实现经营目标所采取的行动方案和对策。合理确定经营策略，并在生产实践中得到遵循，才能使生产经营活动和资源利用的有效性大大增加。

1. 从实际出发，发展优势品种

羊场的生产经营活动受自然因素的影响较大。牧区、农区、半农半牧区的草场状况、饲料供应的程度、水资源条件等各不相同，这就决定了不同地区的发展重点有所区别。羊产品销售受消费者的风俗习惯、文化、职业和季节等许多因素的影响。因此，羊场必须根据地区特点，从实际出发，发展优势品种，实行优势经营。

2. 加强与科教部门的联系，提高科技水平

现代生产经营活动都是建立在高水平科学技术的基础上。企业除了充分利用自己的技术力量外，必须加强与行业科研部门和高等农牧院校的联系，提高对牧草改良、饲料配方、饲养方式、畜产品深度加工的技术水平。同时利用科研部门和高等院校的技术力量，为畜牧业企业培养又红又专的技术人才，以迅速提高企业的科技水平。

3. 不断开拓市场、扩大羊产品销售

羊产品销售是羊场生产经营活动的重要环节，产品的销售与市场关系密切。因此，企业必须根据生产能力和市场需求状

况确定市场策略。

（1）稳定现有市场，即继续保持原有市场的畜产品销售量。

（2）渗透现有市场，即在稳定现有市场的基础上，通过有效的促销手段，不断扩大销售量。

（3）开拓新的市场，即通过一定的方式寻找新的市场，寻求新的需求，扩大羊产品的销路和销量。稳定、渗透现有市场和开拓新市场，往往是结合在一起的。

（4）深化改革，增强活力。企业经营管理须不断深化内部改革，合理地确定管理体制和经营形式，建立和完善各种形式的经济责任制，贯彻执行按劳分配的原则，充分调动职工的积极性和主动性，实行民主管理，增强企业内部活力。

第二节 规模羊场的经营活动分析

一、经营活动分析的方法

经营活动分析时最常用的方法为对比分析法，把相同性质的两种或两种以上的经济指标进行对比，找出两者之间的差距。分析产生差距的原因，查明各个因素之间的相互关系，在此基础上研究改进措施。

在进行具体分析时根据要求的不同，可以采取多种形式。将实际指标与计划指标对比，以说明计划指标完成情况；本期指标与上期指标对比，或与历史上最好的水平对比，以反映经济发展情况；还可以与同等条件下经济效益最好的羊场比较，以反映在同等条件下所形成不同经济效益的原因，来促使自身改进和提高经营管理水平。

二、产品产（销）量完成情况分析

1. 计划完成情况分析

以实际完成产（销）量与计划产（销）量进行比较，用百分率表示。

2. 经济发展情况分析

以当年或某一时期的实际产量与上年度或某一时期的实际产量进行比较，了解经济发展动态及原因。

3. 生产管理水平分析

以当年的实际产量与本地区、全国或世界发达国家条件基本相同的先进单位进行比较，寻找差距，学赶先进。

4. 生产技术指标分析

羊场生产技术指标是反映生产技术水平的量化指标。通过对羊场生产技术指标的计算分析，可以反映出生产技术措施的效果，以便不断总结经验，改进工作，进一步提高肉羊生产技术水平。反映产肉性能的主要技术指标包括：

（1）产羔率 产羔率是产羔数占产羔母羊数的百分率。反映母羊的妊娠和产羔情况。计算方法为：

$$产羔率 = 产羔羊数 / 产羔母羊数 \times 100\%$$

（2）羔羊成活率 指在本年度内断奶成活的羔羊数占出生羔羊的百分率。反映羔羊的抚育水平。计算方法为：

$$羔羊成活率 = 成活羔羊数 / 产出羔羊数 \times 100\%$$

（3）肉羊出栏率 指当年肉羊出栏数占年初存栏数的百分率。反映肉羊生产水平和羊群周转速度。计算方法为：

肉羊出栏率=年度内肉羊出栏数/年初肉羊存栏数×100%

（4）增重速度 指一定饲养期内肉羊体重的增加量，一般以平均日增重表示（克/天）。计算方法为：

平均日增重（克/天）=饲养期内肉羊的增重/饲养期的天数

（5）饲料报酬 指投入单位饲料所获得的畜产品的量，反映饲料的饲喂效果。在肉羊生产上常以"料肉比"表示，即消耗的饲料/肉羊的增重。

另外还有羔羊断奶重、肉羊出栏重等技术指标。

三、利润分析

产品销售收入，扣除生产成本就是毛利，毛利再扣除销售费用和税金就是利润。利润分析指标有利润额和利润率。

1. 利润额的分析

利润额=销售收入－生产成本－销售费用－税金±营业外收支差额

营业外收支是指与羊场生产经营无直接关系的收入或支出。

2. 利润率的分析

利润率是将利润与成本、产值、资金对比，从不同角度说明问题。

资金利润率（%）=年利润总额/年平均占用资金总额×100%

年平均占用资金总额=年流动资金平均占用额+年固定资产平均净值

产值利润率（%）=年利润总额/年产值总额×100%

成本利润率（%）=年利润总额/年成本总额×100%

羊场利润率越高，说明羊场经营管理越好。

四、成本分析

在完成了利润分析之后，还应进一步对产品成本进行分析。产品成本是衡量羊场经营管理成果的综合指标，分析之前应对成本数据加以检查核实，严格划清各种费用界限，统一计划口径，以确保成本资料的准确性和可比性。然后根据成本报表提供的数据，结合计划等资料，运用对比分析法，着重分析单位成本构成变化及成本升降的原因。

1. 成本结构分析

首先计划出实际发生的成本结构，即各项费用占总成本的百分比。然后用实际总成本及其构成要素与计划总成本及其构成要素各部分进行对比，以分析计划成本控制情况和各项成本费用增减变化及其影响因素。

2. 成本临界线分析

肉（种）羊的成本临界线即肉（种）羊的保本价格线。

肉（种）羊临界生产成本=饲料价格×饲料耗量/饲料费占总费用的百分比

如果肉（种）羊出售价格高于此线，羊场就有盈利；低于此线则羊场就要亏损。依据上述公式可随时对肉（种）羊成本进行测算分析，及时掌握产品生产盈亏情况，以便于羊场根据市场变化快速做出决策。

五、饲（草）料消耗分析

饲（草）料消耗的分析，应从饲（草）料的消耗定额、利用率和饲料配方3个方面进行。可先算出各类羊群某一时期耗料数量，然后同各自的消耗定额对比，分析饲（草）料在加工、运输、贮存、饲喂等各个环节上造成浪费的情况及原因。不仅要分析饲（草）料消耗数量，而且还要对日粮从营养成分和消化率及饲料报酬、饲料成本进行具体的对比分析，从中筛选出成本低、报酬高、增重快的日粮配方和饲喂方法。

六、劳动生产率分析

劳动生产率分析常用指标及计算公式：

每个职工年均劳动生产率=全场年生产总值/年平均职工人数

每个生产工人年均劳动生产率=全场年生产总值/生产工人年平均人数

每工作日（小时）产量=某种产品的产量/直接生产所用工时（小时）数

通过以上指标的计算分析，即可反映出羊场劳动生产率水平以及劳动生产率升降原因，以便采取对策，不断改进。

除对以上经济活动进行分析外，还应对羊场的财务预算执行情况、羊群结构、羊群周转率、羊场设施设备利用率等项内容进行分析，以便全面掌握羊场经济活动，找出各种影响生产发展的原因，采取综合改进措施，不断提高羊场经济效益。

第三节 规模羊场的经营管理模式

一、经营模式

1. 种羊生产模式

种羊生产模式即要建立种羊场，它是以生产优良的种羊为目的,羊群建有种公羊群、繁殖母羊群、育成母羊群、育成公羊群及羔羊群。种羊场必须经过相关部门审查批准取得"种羊生产许可证"方能经营,种羊场也有少量的产品作为商品肉羊进入市场。因为种羊的价格较高,利润空间较大,如果市场销路有保障,其经营就能良性运作。

2. 育肥羊生产模式

育肥羊生产模式即要建立育肥羊场,它须有自己的种羊繁育体系,其目标是生产商品肉羊,种羊的培育与繁殖是为商品羊的生产和销售服务。此种经营模式为自繁自养,市场广阔,但肉羊生产成本以及市场价格对此种经营模式有很大的影响。

3. 产业化经营模式

此种模式是以规模羊场为基础,采用"公司+基地+农户"的产业化经营模式。通过自身的种羊生产,除为市场提供优质种羊外,还为广大农户提供优质能繁母羊,推广人工授精和高效肉羊饲养技术,组织农户发展肉羊生产,从而形成标准化肉羊生产基地,对外与肉羊加工企业联合,对内组建集约化肉羊生产体系。这种经营模式对规模羊场来说较为理想。

二、生产规模与羊群结构

羊场的投资规模对日后的经营管理有直接的影响。根据我国农区养羊业的现状及自然条件,羊场的饲养规模宜为存栏能繁母羊2000只,年出栏即可达到5000只左右。

羊群结构与羊场生产效率密切相关。种羊场为了生产大量高质量的优秀羊供应种用,适繁母羊的比例通常在70%以上,每年补群的后备母羊和淘汰母羊(包括5岁以上母羊和病残母羊）都应在20%左右；在育肥羊场中，羔羊或去势羊一般肥育2~3个月后屠宰出售，当年羔羊当年出售。存栏羊群中，母羊的比例应为70%~90%；种公羊在羊群中所占的比例，与羊的配种方式有密切关系。采用本交时，一只种公羊在一个交配季节（40天左右）可交配50只左右的母羊，若采用人工授精，则一只种公羊的精液可配200~500只母羊。另外，须准备一定数量的试情公羊。

在生产实践中，可根据具体情况对羊群结构进行调整。也可根据羊场的生产任务和扩大再生产的要求来决定。

三、规模化羊场的日常管理

1. 饲草的生产与收购

饲草的生产加工体系应在羊场建设之初优先考虑。大量的农作物秸秆和加工副产品是青粗饲料的主要来源。应按羊日粮搭配方案，有计划地组织收购、加工和利用。一个基础母羊存栏量在2000只以上，年出售种羊和出栏肉羊5000只以上的规模羊场，每年需要贮备各类牧草和农作物秸秆4000~5000吨。

此外，规模羊场应根据自己的规模与日粮配比，采用农民种植为主和自己配套种植为辅的方案，一般情况下，羊场加农户种植33.33公顷（500亩）左右，就能满足饲草和青贮饲料的需要。

2. 种羊的培育和管理

对于规模羊场来说，应建立一个完善的种羊的培育规划与方案。组成繁殖与生产种群的培育措施和管理技术是发挥育种效率的保障。对种羊场来讲，育种羊群的培育条件和推广地区的条件尽可能一致。

3. 羊场防疫和疫病的诊疗

羊的许多习性随着圈养而改变,在放牧饲养中不常见或不常流行的疾病,随着羊群的大量集中、生活习性和环境的改变以及人为因素的干扰等而时有发生。因此规模羊场的经营管理必须重视场舍消毒、羊群防疫和常见病的诊断与治疗。

四、规模化羊场的成本控制

1. 建立完善的劳动管理体系

一个管理有序的规模羊场,必须建立完善的劳动管理机构,即以场长负责制为主的生产、技术、供销、财务、后勤等劳动管理体系。规模羊场要从实际出发,尽可能地精简机构和人员,实施定员定岗责任制。

2. 有效监控生产经营成本

(1) 生产成本预算由财务部全面负责,应根据羊场生产经营计划和实际情况编制生产成本预算,对全年的经营收入、支出等编制基本概算,制定资金需求和来源的计划,并对全年的生产经营成本进行控制管理。

(2) 生产计划由生产管理部门负责,主要内容为饲养规模、羊群结构、繁殖及羊群周转计划等。

(3) 努力降低生产经营成本。

规模羊场的生产经营成本主要是饲料费、人工费、水电费、医药费、行政办公费和营销费等直接费用,因这类费用的可变性大,是控制成本的主要内容。一般情况下,饲料费用占羊场生产总成本的70%以上,在生产成本中起决定性作用。因此,必须通过优质高产饲料基地建设,减少外购饲料量,降低饲料成本。

五、规模化种羊场的市场化运作

1. 品牌效应

规模羊场所饲养或培育的绵、山羊必须是优良品种，在经营初期一定要树立自己的品牌，除了饲养良种之外，还要在种羊的培育质量，售前售后服务，广告宣传等方面多下功夫。经过一段时间的努力，形成自己的品牌效应，随之而来的才是市场和经济效益。

2. 种羊的目标市场

目前，农区饲养的羊主要是肉羊。因此选择优质的肉用品种作为生产目的，而把种羊的目标市场定位到已形成或正在形成肉用生产基地的省、区、市则是最佳选择。其目标市场主要有如下几类：

（1）获得政府支持的国家或地方山羊发展项目所需的基础种羊。

（2）个人投资的规模种羊场或肉羊场所需的基础种羊。

（3）为改造某个地区土种山羊而需要引进的基础种羊。

（4）羊产业发达地区为改良品种，更新换代所需要的基础种羊。

（5）通过"公司+基地+农户"的产业化运作过程所需要的基础种羊。

3. 种羊生产技术服务体系

种羊的销售建立在完善的生产技术服务体系基础上，规模羊场除了向购羊者介绍种羊的基本情况外，还应为购羊者提供完善的技术服务，通过对外提供技术咨询、技术培训和代购、代销产品，为其他养羊企业和养羊户服务，从而获取一定的经济效益。

六、规模羊场的产业化运作

"公司+基地+农户"为农业产业化运作的基本模式，由于组织松散、缺乏制约力，实施难度很大。因此，必须有自己的种羊或肉羊销售渠道，同时还寄希望于地方政府给予一定时间、区域内实行垄断经营的政策扶持。在此基础上，充分利用自身的资源优势，延长、拓宽产业链，做强做大肉羊产业，发展循环经济，从而形成良性的产业化运作。

1. 生产销售各种羊饲料

主要生产种类有公羊补充饲料、哺乳母羊补充饲料、羔羊补充饲料和育肥羊补充饲料。目前，市场最大的应是肉羊育肥补充饲料，全年均可销售。还可以利用当地的自然资源加工生产干草饲料，特别是牧草饲料和青贮饲料，主要在冬春季节进行销售。

2. 建设肉羊屠宰加工厂

规模羊场应投资组建小型或中型肉羊屠宰加工厂，或者与所在附近的肉羊加工企业有机联合，从而更好地解决市场通道问题。

3. 建设羊粪有机复合肥料厂

利用自产或农户剩余的羊粪，进行无公害处理后加工成有机肥料，面向大城市周边花卉企业、园林企业和无公害果蔬基地销售，应该是可行的。羊粪的无公害化处理既是规模羊场环保的要求,也是拓宽产业渠道、增加收入的好思路。

4. 努力争取政府相关项目

应充分利用自身的经济实力和科研力量,在地方政府的支持下,争取国家和地方关于羊业发展方面的应用推广项目或科研项目,从而获得政府的财政支持和企业的快速发展。

第四节　规模羊场的生产制度管理

规章制度是规模羊场生产部门加强劳动纪律的基本方法。羊场由于劳动对象的特殊性,特别应注意根据羊的生物学特性,建立合理的饲喂制度,做到定时、定量、定次数、定顺序,并应根据季节、年龄进行适当调整,以保证羊的正常消化吸收,避免造成饲料浪费。饲养人员必须严格遵守饲喂制度,不能经常随意变动。

制度管理是羊场做好劳动管理不可缺少的手段。规模羊场的劳动管理制度主要有岗位制、考勤制、基本劳动日制、作息制、质量检查制、安全生产制、技术操作规程以及考勤制度、劳动纪律、生产责任制、劳动保护、劳动定额、奖惩制度等。

制度的建立,一是要符合羊场的劳动特点和生产实际;二是内容具体化,用词准确,简明扼要,质和量的概念必须明确;三是要经全场职工认真讨论通过,并经场领导批准后公布执行;四是必须具有严肃性,一经公布,全场干部职工必须认真执行,不搞特殊化;五是必须具备连续性,应长期坚持,并在生产中不断完善。

一、建立健全岗位责任制

在羊场的生产管理中,要使每一项生产工作都有人去做,并按期做好,使每个职工各尽其能,能够充分发挥主观能动性和聪明才智,需要建立联产计酬的岗位责任制。技术人员、饲养管理人员应签订和执行责任合同,实行定额管理,责任到人,赏罚分明;同时,技术人员、技术工人要相对稳定,一般中途不要调整和更换人员。

联产计酬岗位责任制的要领是责、权、利分明。内容包括:应承担的工作责任、生产任务或饲养定额;必须完成的工作项目或生产量(包括质量指标);授予的权利及权限;明确规定超产奖励、欠产受罚的数量。

建立岗位责任制,还要通过各项记录资料的统计分析,不断进行检查,用计分方法科学计算出每个职工、每个部门、每一生产环节的工作成绩和完成任务的情况,并以此作为考核成绩及计算奖罚的依据,从而充分调动每个人的积极性。推行岗位责任制,有利于纠正管理过分集中、经营方式过于单一和分配上存在的平均主义。

二、规模羊场的劳动职责

1. 场长职责

(1)认真贯彻执行国家有关发展养羊业的法规和政策。

(2)决定羊场的经营计划和投资方案。

(3)确定羊场年度预算方案、决算方案、利润分配方案及工资制度。

(4)确定羊场的基本管理制度。

(5)决定羊场内部管理机构的设置、聘任或者解雇员工。

(6)决定羊产品价格和收费标准。

(7)订立合同,申请专利,注册商标,对外签订经济合同。

(8)牵头决定羊场合并、变更、经营形式、解散等重大事情。

(9)遵守国家法律、法规和政策,依法纳税,服从国家有关机关的监督管理。

2. 生产主管的职责

(1)按照本场的自然资源、生产条件及市场需求,组织羊场技术人员制定全场生产年度计划和长远计划,审查生产基本建设和投资计划,掌握生产进度,提出增产措施和育种方案。

(2)制定各项养殖技术操作规程,并检查其执行情况,对于违反技术操作规程和不符合技术规范的事项有权利制止和纠正。

(3)负责拟订全场各类饲料采购、贮备和调配计划,并检查其使用情况。

(4)组织养殖技术经验交流、技术培训和科学实验等工作。

(5)对于养殖技术中的重大事故,要负责做出结论,并承担应负的责任。

(6)对全场畜牧技术人员的任免、调动、升级、奖惩提出意见和建议。

3. 兽医主管的职责

(1)制定本场消毒、防疫检疫制度和制定免疫程序,并进行监督。

(2)负责拟订全场兽医药械的分配调配计划,并检查其使用情况,在发生传染病时,根据有关规定封锁或者捕杀病羊。

（3）组织进行技术经验交流、技术培训和科学实验工作。

（4）及时组织会诊疑难病例。

（5）对于兽医技术中的重大事故，要负责做出结论，并承担应负的责任。

（6）对全场兽医技术人员的任免、调动、升级、奖惩提出意见和建议。

4. 畜牧技术人员职责

（1）根据本场生产任务和饲料条件，拟订生产计划。

（2）根据畜牧技术规程，拟订饲料配方和饲喂定额。

（3）制定育种、选种、选配方案。

（4）负责羊场的饲养任务、畜牧技术操作和畜群生产管理。

（5）配合场部制定、督促、检查各种生产操作规程和岗位责任制贯彻执行情况。

（6）总结本场的畜牧技术经验，传播科技知识，填写各项技术记录，并进行统计管理。

（7）对于本场畜牧技术中的事故，及时报告，并承担责任。

5. 兽医技术人员的职责

（1）负责畜群卫生保健、疾病监控和治疗，贯彻防疫制度，制定药械购置计划，填写病历和有关报表，实行兽医记录电脑管理。

（2）认真细致地进行疾病诊治，充分利用化验室提供的科学数据，遇疑难病例及时汇报。

（3）每天巡视畜群，发现问题及时处理。

（4）普及卫生保健知识，提高员工素质。

（5）兽医应配合畜牧技术人员，共同搞好畜群饲养管理，减少羊群发病。

（6）掌握科技信息，开展科研工作，推广应用先进技术。

第五节　肉羊产业化技术体系的规划与发展

一、肉羊产业的经营理念和发展战略

1. 树立"成本—利润—持续增长"的经营观念

肉羊产业是一项"投资较少，周期较短，见效较快"的养殖种类，在人们的传统思维中，肉羊养殖被认为是一种"容易投机"的产业。现代肉羊产业发展必须考虑成本、产值、效益之间的平衡关系，必须思考"如何维持这一产业的持续增长"的深层次的问题。

2. 建立企业标准，实施规范操作

按照羊的生物学特性，做到规范化操作，使羊场布局与建筑样式统一规划，羊的饲料营养按标准鉴定。在养羊业规范化操作的进程中，做到品种统一，生产过程规范，产品的性能整齐划一，同时常年都有稳定的产量和批次。保证技术规范得到实施，最终获得稳定高效的收益。

3. 建立行业协会，拓展产业空间

形成"农户—专业场—中心繁育场—产业协会"的经营格局，共同抵制市场的恶意竞争和自相压价的无序状态。就国际上的农场经营模式来看，无论是美国威斯康辛的洋参协会，还是日本的红富士苹果协会，都是由许多家庭农场联合起来之后

形成的，由行业协会来负责拟订各项政策、措施和方案。一个产业，如果能够采取"规格统一、价格统一、优质优价"的经营策略，就具有旺盛的生命力，因为在必要的时候，他们可以通过"限产保价"的价格杠杆调节手段进行市场调控。

4. 培育品牌意识，发展名优特色

品牌意识和产品特色，这不但是企业经营者所必须考虑的经营战略，更是地方行政管理部门所应发展的经济增长和利润新增来源。纵观企业发展的整个过程，一个产品可以形成一项产业，一项产业可以带动一个市场，而市场能够盘活整个地方经济。就养羊业来说，则完全能够消除季节性市场的弱点，只要产品生产的规范性和计划性控制得当，就完全可以在常年的任何季节维持恒定的交易。唯一要解决的关键问题就是如何去创立品牌，创立优质的地方特色产品，真正完成农产品向商品的过渡和跨越。

二、肉羊产业化生产技术体系

1. 建立肉羊育种核心群

依据当地的自然环境、经济文化、消费习惯及市场发展等特点科学地选定适合本地的肉羊品种。在确立生产方向后，采用现代繁殖新技术，建立优质肉羊育种核心群，为发展优质高效肉羊产业生产专门化良种肉羊、胚胎及冷冻精液。

2. 肥羔工厂化生产模式

用工厂形式组织生产和劳动，生产流程短，生产效率高，产品质量标准化，可达到全年均衡生产，严格地按工艺流程操作进行，母羊半舍饲，肥羔全舍饲。

在良种肉羊纯繁工艺中，可采用同期发情、超数排卵、人工授精、冷冻精液、胚胎移植等关键技术；在肉羊育肥工艺中，采用集约化专业生产技术，利用优质全混合日粮饲喂羔羊，辅之以其他综合配套技术，生产优质肥羔肉。其生产工艺流程为：早期断奶羔羊—防疫—前期育肥—后期育肥—出栏—屠宰加工—鲜、冻羊肉市场。

3. 高效养羊配套技术体系

（1）优质饲草的高产栽培技术　饲草生产的方针首先是高产，用极少量的优良土地种植，提高种草的经济效益；二是开发利用农作物秸秆，开发非常规饲料资源，以极少量的土地和有限的水资源生产出大量的饲草，降低饲草成本，提高养羊生产效益。

（2）优质、高效饲养管理技术　采用非蛋白氮的利用、饲料组合效应、饲料卫生、饲草青贮与秸秆微贮、羔羊早期断奶与代乳品、环境调控与营养调控和系统管理等综合技术，重点控制养羊的生产效益与羊肉的风味与品质。

（3）高频、高效繁殖与管理技术　这是标准化高效养羊生产的核心技术。主要应用同期发情、超数排卵、人工授精等关键技术，实行母羊一年两产、两年三产、当年母羔当年配种等配套技术，以保障养羊生产高效益的实现。

（4）防疫保健综合的配套技术　在养羊高效生产中，对羔羊、种羊、妊娠期母羊实施疫病防治、驱虫保健、饲草料及饮水的卫生质量控制，羊舍环境净化和营养性疾病的防治等实行综合管理，以确保羊群安全生产。

第七章 羊粪资源化利用技术

近年来,随着养羊业的快速发展,越来越多的羊场采取大规模化的养殖。由此大量的羊粪尿也就成了亟待解决的有机垃圾资源之一。羊粪尿中含有病原微生物、寄生虫、某些化学药物、有毒金属和激素等,若不及时进行科学的处理和利用,不仅会恶化羊场的卫生环境,使羊感染疾病的概率增大,同时任意排放这些粪便也会造成农业环境的污染,传播疾病,从而严重危害到人类的健康。因此我们要及时处理、科学利用羊粪尿,走"可持续路线"。

据统计,目前我国的畜禽粪污综合利用率仅为50%~60%。中央一号文件中曾提到应当"加强农业面源污染治理,开展畜禽粪便资源化利用",大力提倡对羊粪进行减量化、无害化、资源化的"三化"处理。因此,针对养殖企业如何将羊粪变"废"为宝,做好粪污的就地有效处置,提高羊粪的附加值,特整理羊场粪污资源化利用技术资料。

第一节 羊粪价值

羊粪含有机质24%~27%,氮0.7%~0.8%,磷0.45%~0.6%,

钾0.4%~0.5%。羊粪有机质、氮的含量比其他畜粪多,粪质较细,肥分浓厚。羊粪如果不经过处理,易二次发酵造成农作物烧根。羊粪经过发酵是一种很好的有机肥。据估算,1只羊大概一年的羊粪量为500~1000千克,折合成氮素约3~6千克。王峰教授制定了羊粪堆肥技术操作规程,供养殖户和养殖企业参考。

第二节 羊粪好氧堆肥

目前对于羊粪的处理主要以"三化"为主,即"减量化、无害化、资源化"。其中减量化主要以零排放发酵床模式为主,有着就地降解、发酵消化的特点;无害化主要是开发较高消化率和转化率的饲料;而资源化以能源化、饲料化和肥料化为主。其中好氧堆肥处理成本低、安全、生态环保,还可以循环利用,是目前羊粪最行之有效的资源化利用方式。

图7-1 羊粪好氧堆肥

一、羊粪好氧堆肥的主要影响因素

好氧堆肥是指在人工控制堆肥过程的氧气、水分等条件下,通过堆体中微生物的大量繁殖,将羊粪中的不稳定有机物转化为稳定有机物如腐殖质的过程。以条垛式堆肥为例,发酵时间在2～3个月,夏季温度高可缩短时间,冬天适当延长。影响好氧堆肥过程的主要因素如下:

1. 适宜的含水量

堆肥初始含水量最适宜的范围是50%～60%,含水量过低或者过高都会对好氧微生物的分解代谢活动产生不良影响。抓起一把物料,达到"握之成团,松之即散"的程度。

2. 适宜的温度

堆肥过程中温度变化分为:升温期、高温期、降温腐熟期。发酵过程控制在55～65℃;当环境温度低于15℃时,建议用薄膜等覆盖。

图7-2 羊粪好氧堆肥高温期

3. 适宜的碳氮比

微生物在生长的过程中,其中每消耗1份N源就需要25～30份的C源,堆肥初期要先调节辅料与羊粪C/N在25～30。过高:氮元素转化为氨气,散发臭味;过低:抑制微生物生长,发酵缓慢。

4. 适宜的pH值

堆肥初始pH值在6~8之间最合适。过高：物料降解慢，氮元素会转换成氨气挥发；过低：抑制微生物生长。堆肥的初始pH值由原辅料本身的特性决定。

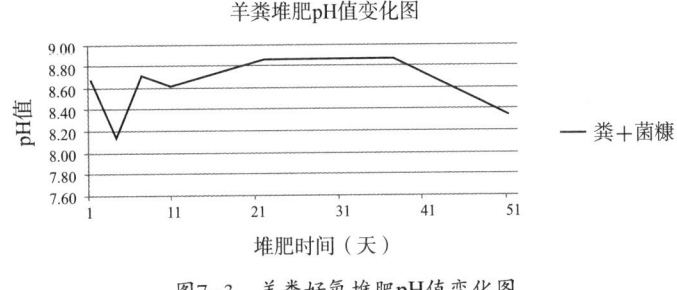

图7-3 羊粪好氧堆肥pH值变化图

5. 合适的辅料

不同的堆肥原料，其物理、化学、生物特性都有较大的差异，羊粪的纤维素含量较其他禽畜粪便都高，所以在选择辅料时，不宜选择木质素、纤维素较高的大粒径辅料，如碎木屑。

选择原则：因粪而异、就地取材、变废为宝。

图7-4 羊粪好氧堆肥辅料

6. 有效的微生物菌剂

外加微生物菌剂能够很好地增加堆肥过程的微生物降解能力，提升最终有机肥的品质。但是我国目前市面上绝大多数商品菌剂也都是宽泛地针对所有禽畜粪便研发。

7. 通气量控制

羊粪堆体中适宜的氧气含量应为8%～18%。当低于8%时，可导致厌氧发酵，产生恶臭气味，堆肥失败；而当浓度太高时，通风量过大，会导致堆体冷却，堆肥周期延长，病原菌等大量存活。

8. 建堆及供氧方式选择

目前主要有2种通风供氧方式，一是静态强制通风，二是自然翻堆供氧。

图7-5 条垛式堆肥自然翻堆供养

条垛式：占地，需定期翻堆，发酵时间较长。成本低，方便控制湿度和腐熟度，目前仍是主流。

强制通风静态垛：通过地下通风系统，腐熟时间更短；受天气影响，运行投入资金较多。

发酵仓堆肥系统：堆肥在封闭的容器内进行，能很好地控制堆肥发酵过程，投资费用较高。

二、羊粪腐熟的主要指标

1. 物理指标

气味：直观的评判指标。堆肥初期有很浓郁的腥臭味，随着堆肥的进行腥臭味会逐渐消失，堆肥后期更趋近于泥土气息。

温度：根据粪污无害化卫生要求，堆温在50℃以上保持10天，或60℃以上保持5天，是保证堆肥的卫生指标合格和堆肥腐熟的重要条件。

2. 化学指标

pH值：含水率下降，堆体也会产生一定量的氨气，堆肥结束pH值在8～9之间。

C/N：堆肥初期调节C/N在25～30，随着堆肥的进行C/N逐渐趋于稳定，其理论值在16左右。

铵态N/硝态N：如果肥料未腐熟，铵态氮含量过高，施到农田里会出现"烧苗"的现象。

3. 生物学指标

发芽指数GI：利用堆肥浸提液对植物种子的毒性检验来表示腐熟度。GI＞50%时，表明堆肥对植物已基本没有毒害作用，堆肥基本成熟；GI＞80%时，表明堆肥已经腐熟。

三、羊粪好氧堆肥工艺（以条垛式堆肥为例）

1. 适用范围

条垛式堆肥方式虽然是传统的堆肥工艺，但是该方法成本低，方便控制湿度及腐熟程度，操作简便，设备要求比较低，是目前主流的堆肥方式，适用于中小规模的肉羊养殖场。

2. 原料与辅料配比要求

选择好主料及辅料，按比例进行混合，辅料主要用于调节堆肥的水分、pH值和C/N，配比后混合物的含水量控制在50%～60%。堆肥的初始pH值在6～8之间。

3. 发酵工艺

发酵菌剂
↓
收集粪便→前处理→配料→主发酵→后熟发酵→包装

图7-6　羊粪好氧堆肥发酵流程

4. 主要发酵工艺条件

（1）堆高大小　将羊粪、秸秆等物料与发酵菌剂经搅拌后充分混合，堆积成高1.5～2.0米、宽2～3米的长条状，横截面呈梯形（具体长度也可以根据发酵车间的长度而定）。

（2）高效的微生物菌剂　菌剂与原辅料充分混匀，并使堆肥起始微生物含量达10^6个/g以上。

（3）翻堆与氧气供给　堆肥温度上升到60°C以上开始翻堆，必须将堆肥均匀彻底地翻堆，以便堆肥充分腐熟，根据堆肥物料的腐熟程度确定翻堆次数。一般每隔2～5天用机械或人工翻堆1次，以便提供氧气、散热并且使物料发酵均匀，升温后可以加快翻堆频率，发酵中如果物料过干及时喷洒水分确保顺利发酵。一般20～30天即可基本腐熟。为加快发酵速度，可以在条垛底部铺设通风管道，增加氧气供给。堆体中的含氧量保持在8%～18%之间。

（4）温度控制　一般认为堆肥的高温阶段在50～65℃最佳，并且需要保持5天以上，这样才能有效杀死虫卵、病原微生物、杂草种子等。

5. 质量指标

具体参照农业农村部有机肥料标准（NY525—2012）

（1）外观　腐熟的堆肥，无坚硬的秸秆或粪块，质地松软，体积缩小，呈深褐色或黑褐色，无恶臭。

（2）寄生虫学指标　蛔虫卵的死亡率达95%～100%。

（3）细菌学指标　粪大肠菌群（个/g）≤100。

（4）重金属指标　铅≤50mg/kg，镉≤3mg/kg，汞≤2mg/kg，砷≤15mg/kg，铬≤150mg/kg。

6. 腐熟度指标

堆温降低，物料疏松，颜色为深褐色或黑色，无物料原臭味，稍有氨味，堆内产生白色菌丝；另外，参照前文介绍的羊粪腐熟物理、化学、生物学指标，如果已经达到相关指标，表明发酵生物有机肥已制作好。

最后，建议肉羊养殖企业与高校研究所或者当地土肥站联动，协同攻关，掌握和进一步优化相关技术参数，加强对企业的技术指导，提升羊粪的附加值，让粪污转化为高效的有机肥，为高效安全的农业生产服务。

四、几种"好氧生物发酵"羊粪快速腐熟发酵的方法

1. 简易坑储羊粪处理法

（1）处理方法特点与原理　简易坑储羊粪处理法，具有"三少两低一高"的特点，即：投资少、占地少、能耗少、劳动强度低和技术含量低，效益高。不用考虑温度、湿度、C/N比，pH值的高低和通风条件，适合存栏200～500只小规模和高

架床养羊户。

该技术的原理是利用农作物和秸秆吸收羊粪的水分并产生热量,加快羊粪的发酵周期,同时杀死粪污原料中的细菌、病毒、寄生虫。如结合塑料大棚利用太阳能效率更高,污染更低。

(2)工艺流程　将现有的羊粪与秸秆、锯末屑、蘑菇渣、干泥土粉等按适当比例混合成物料,1000千克物料(鲜料约2500千克)加1千克发酵剂,按1千克发酵剂加1千克麸皮(或玉米粉)稀释后再均匀撒入物料堆,混拌发酵。注意:一是在做堆时不要做得太小,太小会影响发酵,高度在1.5～42.0米之间,宽度2.0～43.0米,长度在3.0米以上的堆发酵效果比较好。二是发酵过程中注意适当供氧与翻堆(温度升至75℃或以上时要翻倒几次),温度控制在65℃左右,温度太高破坏养分。

(3)发酵池的要求　规格长5～10米,深2米左右,宽度可根据羊存栏量灵活确定,一般在2～4米,通常根据羊舍存栏和当地有机肥使用等情况修建1～2个发酵池。一般每百只羊每天的产粪量为100千克左右,发酵池建在羊舍后端,距离羊舍100～200米处。发酵池最好地平以下部分占2/3。池子可为水泥池或土坑加塑料薄膜,最好建塑料小拱棚,效果更佳。

(4)物料水分控制　一般鲜羊粪添加辅料(锯末、麦草粉、秸秆粉或稻壳),含水量保持在65%左右。秸秆原料可不粉碎,直接铺垫于发酵池底部或分层铺垫,羊粪覆盖于辅料之上或混拌。也可将秸秆原料粉碎成3厘米左右的小段,经由羊粪混合后置于池内发酵。羊粪通过发酵腐熟后即可出场。

2. 塑料大棚风干处理技术

利用廉价的能源处理羊粪。适合存栏1000～2000只的高架床养羊场。该方法是在塑料大棚内铺摊一定厚度的羊粪,为了充分利用大棚的有效面积,减少投资,可采用多层方式。利用太阳能提高大棚内的温度干燥羊粪,其蒸发能力极强,夏季可达到4.5~5升/(米^2·天),冬季也在2升/(米^2·天)左右。利用排风扇排出的空气风干羊粪。大棚的建筑面积可依据上述情况而定,采用此种方式处理羊粪最好配置除氨设备。

3. 密闭式大棚发酵处理技术

(1)密闭式大棚发酵处理技术特点 密闭式大棚羊粪发酵处理技术,采用静态强制通风好氧发酵,在欧美已广泛得到应用,本技术集欧美、东亚并结合国内廉价的阳光大棚工艺于一体,相对罐式、桶式发酵投资较少,处理量大且能耗更低、更环保,更适合存栏千只以上的养殖场(或小区)。

(2)发酵处理 一般设置双棚或多棚(棚的数量取决于羊场规模),进行配合运营交替循环发酵处理。

(3)大棚规格 大棚规格同简易发酵池,面积100~300平方米,发酵周期一般在30天左右。每个棚每天可以进料500~1000千克混合好的发酵物料。

(4)运送 羊粪、辅料、菌种,采用铲车混合和运送,能耗较低。

(5)处理 密闭大棚发酵采用有氧发酵,全自动曝气技术进行供氧并排除湿气,处理过程中不用翻垛,减少了有害气体的排放量。

(6)祛除异味 产生的废气使用工业上技术成熟的二级除臭装置祛除异味,达标排放。

第三节　羊粪厌氧发酵

新鲜羊粪中总氮含量较高，高含氮量有利于厌氧发酵，因此羊粪沼气化利用具有极大的潜力，不仅可以改善当地的能源结构，减少能源消费支出，还可以有效减少臭气、温室气体排放，杀灭虫卵和病原微生物，有效缓解日益严重的环境污染，而且沼渣、沼液还可以作为有机肥进一步利用。

一、厌氧发酵过程及其机制

厌氧发酵是微生物在缺乏氧气的环境中，对有机废弃物进行生物降解，同时伴有甲烷和二氧化碳产生的一系列复杂的生物化学过程，是实现有机废弃物资源化利用的一种有效方法。随着人们对厌氧消化过程认识的逐渐深入，通常认为厌氧发酵可以分为4个阶段：水解阶段、产酸发酵阶段、产氢产乙酸阶段和甲烷化阶段。

1. 水解阶段

厌氧有机物菌产生胞外酶水解有机物。这些细菌的种类和数量随有机物种类而变化。一般按照原料种类分为纤维素分解菌、脂肪分解菌和蛋白质分解菌。在这些细菌的作用下，多糖水解为单糖，蛋白质分解转化成肽和氨基酸，脂肪转化成甘油和脂肪酸，将固体的有机物转变成可溶性的有机物质。

2. 产酸发酵阶段

产酸发酵过程中，产酸发酵细菌将水解酸化阶段产生的水溶性小分子化合物转化为挥发性脂肪酸（VFA）和醇类等末端产物,其组成取决于底物种类、厌氧降解的条件和参与发酵的微生物种群。挥发性脂肪酸(VFA)通常溶于水,易被微生物利用,以乙酸为主,其含量可达VFA总量的80%。在甲烷(CH_4)的形成过程中,甲酸和乙酸是形成甲烷的重要前体物,是甲烷形成的主要来源。

3. 产氢产乙酸阶段(氧化分解)

本阶段是将酸化阶段的末端产物(VFA和醇类等)由专性厌氧产氢产乙酸菌进一步转化为乙酸、氢气、水和二氧化碳的过程,并产生新的细胞物质。

4. 甲烷化阶段

本阶段是厌氧发酵的最后一步,甲烷菌将醋酸转化为甲烷和二氧化碳,再利用氢气还原二氧化碳生成甲烷,或利用其他细菌产生的甲酸形成甲烷。

二、厌氧发酵的分类

根据发酵底物的含固率不同,生物质厌氧发酵技术可以分为湿发酵技术和干发酵技术。

(1)厌氧湿发酵要求含固率在10%以内。厌氧湿发酵技术成熟,具有启动快、进出料方便等优点,是当前处理有机废弃物清洁能源生产的主流技术,动物粪便、污水、餐厨垃圾常用此法处理,但由于反应所需空间体积大,发酵过程中需要供应和处理大量的外部水,发酵结束时沼液脱出和处理比较困难,大大增加了启动及运行成本。

(2)厌氧干发酵通常在高于15%的含固率下进行,对反应器容积要求较小,具有用水量少,后续处理简单等优点,常应用于植物纤维性废弃物等高含固率废弃物的处理。但由于干发酵体系含水量较低，底物流动性不佳，传质过程缓慢，会使中间代谢产物和微生物间的交流受到桎梏。

三、发酵的影响因素

厌氧发酵过程中，只有为厌氧微生物提供良好的生长繁殖和代谢环境，有机物才能得到有效利用，在保证厌氧环境的前提下，厌氧发酵主要受以下3个方面影响。

1. 底物性质及碳氮比（C/N）

厌氧发酵过程中，发酵原料既作为消化底物，又是厌氧微生物赖以生存的养料来源，发酵原料的性质决定了厌氧发酵的时间和沼气产率。厌氧发酵是淀粉、蛋白质、脂肪和木质纤维素间相互协调、相互制约的代谢过程，原料有机质的种类和数量对厌氧发酵的有机质降解过程、原料利用效率和沼气产率都起着决定性作用。理论上淀粉、蛋白质和脂肪的含量越高，产气潜力越大，灰分和木质纤维素类含量越高，产气潜力就越小。研究表明，脂肪、淀粉、蛋白质质量比为36∶30∶33时，可获得最高的生化产甲烷势和挥发性固体降解率。

C/N是指原料中有机碳素和氮素含量的比值，反映了消化底物的营养平衡。适宜的C/N比对于干发酵产气效果非常重要，C/N比太高，微生物所需氮量不足，使微生物生成率下降而降低底物的分解率和分解速率，伴随消化液缓冲能力降低；C/N比太低，含氮量超出菌体合成及生长需要，多余的氮素则会被分解成无机氮素而放出NH_3，非离子化的NH_3是氨氮抑制的主要原因，快速抑制了甲烷菌活性，进而抑制了厌氧消化过程。研究表明，沼气干发酵的最适碳氮比一般在20～30范围之间。

2. 温度

温度是影响厌氧干发酵性能的重要因素之一，由于微生物对温度的敏感度非常高，温度的改变或是细微的波动都会对微生物的生长代谢活动产生影响。厌氧发酵可分为常温、中温和高温发酵3种类型，不同温度甲烷产量差异较大，因此，一个稳定的温度系统对厌氧发酵工程的运行是非常关键的。研究发现，沼气发酵可以在15℃左右的环境下进行，但低温环境会降低原料的生物降解性和甲烷产量，常温发酵受外界环境温度变化的影响较大。高温发酵（45～55℃）产甲烷工艺虽然比中温发酵产气效果好，但维持反应器的高温环境耗能大，稳定性比较差，因此绝大多数干发酵是在中温（30～37℃）条件下运行的。有研究表明，在25℃、35℃、55℃三种温度条件下，中温发酵具有较高的产气和产甲烷量，分别为50.498升和26.113升，产气率和产甲烷率分别达到236升/千克和122升/千克。

3. 酸碱度（pH值）

微生物的繁殖和新陈代谢需要适宜的酸碱环境，适宜的pH值是沼气干发酵稳定运行的关键因素。pH的变化主要是通过对细胞膜电荷的改变，进而影响微生物代谢过程中酶的活性、营养物质的可给性和吸收、有害物质的毒性等。产甲烷菌生长要求微酸或偏中性的环境，pH值在6～8之间均可产气，以6.5～7.5之间产气效果最佳。张彤所做的粪秆结构配比厌氧发酵中pH值与产气效果关系的研究结果表明，日产气量达到高峰时pH值为7～7.4。

四、羊粪厌氧发酵利用现状与问题

路娟娟等对羊粪沼气发酵产气潜力进行了实验研究，最终得出结论，在平均温度为23℃，羊粪料液的TS质量分数为8.65%时，1吨干重的羊粪可产生沼气214.47立方米。同时，在此实验中还发现了一些问题，如在发酵过程中，由于羊粪不易下沉，在发酵结束时仍有部分羊粪浮于发酵液上面，使得这些羊粪不能充分地与料液中的微生物及各种酶类接触，不能被充分降解。如果在投料前，采取一些措施，如将羊粪捣碎等，可促进羊粪的下沉和降解。

现阶段的养羊产业中，羊粪尿发酵制沼具有广阔的发展及应用前景。在目前的羊粪发酵过程中，只利用了其中一部分木质素、纤维素、半纤维素，大部分没有被降解利用。因此，对木质素、纤维素、半纤维素的进一步降解还需做更多的工作。利用生物技术手段筛选一些高效分解木质素、纤维素、半纤维素的菌株和能产生高效酶的微生物，可以提高原料的利用率。

另外，沼液作为有机肥可以改进土壤的理化性状，长期施用有机肥有利于土壤生态环境的改善，进而提高牧草的产量与品质。可以杜绝未经发酵的羊粪直接施用时，羊粪中所含的乳突类圆线虫卵和前后盘吸虫卵对牧草的污染。减少了疾病虫源的传播，有利于生态农业的持续发展。施用沼液的不足之处是沼液的体积大，在生产上可能要花更多的劳动力，因此规模种养必须考虑发展机械化施肥技术，此外沼液的有机物质含量具有一定的不稳定性。羊粪经过晒干、灭菌、除虫、去臭等一系列处理后,可作为其他动物饲料,如猪、鱼等。在喂料中以不超过20%为宜。

第四节　羊粪生物转化

生物转化是利用蚯蚓、蝇蛆和黑水虻等生物对羊粪进行处理,与前几种方式相比,生物转化处理可获得优质的动物蛋白饲料,制成的有机肥料也更优质。蚯蚓生物处理是其中最常见的一种方式。但是目前国家饲料标准禁止添加动物性蛋白,北方地区也不适宜用生物转化的方式处理羊粪,因此在这里不做详细介绍。

第五节　羊粪肥料利用

羊粪中有机质含量较高,可达30%～40%,作为有机肥料可提高土壤肥力,改良土壤。但是羊粪制成的有机肥所含作物需要的主要元素(N、P、K)含量比较低,肥效较低,即使增加施肥量,也很难满足高产的要求,一般用作基肥。羊粪有机肥相比其他畜禽粪便有机肥更优质,在经济作物上施用效果好。化肥单位养分含量高、成分少、释放快,增产效果显著,但同时也会导致土壤板结、环境污染、农产品质量下降等问题。因此,在作物生产过程中将羊粪有机肥与化肥按适宜比例配合使用,可以保证获得高产、优质的作物产品。

第六节 羊粪用作燃料

含水量在30%以下的羊粪,可直接燃烧,但须有专门的烧粪炉;羊粪也可以用来进行生产发酵热。方法是将羊粪的水分调整到65%左右,进行通气堆积发酵而产热,温度可达70℃以上。在堆粪中安放金属水管,通过水的吸热作用来回收粪便发酵产生的热量。此法可用于畜舍取暖保温。

第八章 羊病防治技术

虽然近年来肉羊疾病流行特点发生了许多变化,某些传染病呈暴发性流行趋势,但寄生虫病仍然是危害养羊业的主要疾病之一。由于缺乏合理的驱虫程序和延用过期的驱虫药,影响了寄生虫病的防治效果,混合和继发感染的病例明显上升。特别是一些环境性病原微生物所致的疾病更为突出,常常是病毒病与细菌病同时发生或多种细菌病、病毒病、寄生虫病或普通病同时发生,给疾病诊断和防治工作带来很大的困难。因此,必须严格执行"预防为主,治疗为辅"的基本原则,加强饲养管理,搞好环境卫生,做好防疫和检疫工作,及时控制疫情,坚持定期驱虫和中毒病综合防治措施。

第一节 肉羊传染病

1. 口蹄疫

口蹄疫是由口蹄疫病毒引起的急性、热性、高度接触性的一类传染病。主要侵害偶蹄动物,以发热、口腔黏膜及蹄部和乳房皮肤出现水疱和溃烂为特征。

(1)流行病学 口蹄疫病毒属于微核糖核酸病毒科口蹄疫

病毒属。目前已知口蹄疫病毒在全世界有7个主型，即A、O、C、南非1、南非2、南非3和亚洲1型。我国流行的口蹄疫主要为O、A、C三型及亚洲1型。绵羊、山羊易感，偶尔感染人。病畜和潜伏期动物是最危险的传染源，病畜的水疱液、乳汁、尿液、口涎、泪液和粪便中均含有病毒。该病经消化道及呼吸道传染，春秋两季相对较多，风和鸟类也是远距离传播的因素之一。

（2）临床症状　病羊精神沉郁，闭口，流涎，体温40～41℃。发病1～2天后，其齿龈、舌面、唇内面可见蚕豆到核桃大的水疱和溃疡，涎液增多，趾间及蹄冠的皮肤上发生水疱，很快破溃，然后逐渐愈合。有的病羊乳头皮肤上有水疱。本病一般呈良性经过，经1周左右即可自愈，若蹄部有病变则可延至2～3周。有些病羊病情突然恶化，全身肌肉发抖，心跳加快，节律不齐，食欲废绝、反刍停止。羔羊发病时往往看不到特征性水疱，主要表现为出血性胃肠炎和心肌炎，死亡率很高；怀孕母羊可导致流产。

（3）剖检变化　除口腔、蹄部等处出现水疱和烂斑外，咽喉、气管、支气管和前胃黏膜有时出现烂斑和溃疡，真胃和肠黏膜有出血性炎症。心包膜有出血斑点，心肌切面有灰白色或淡黄色的出血斑点或条纹，称为"虎斑心"，心脏似煮熟状。

（4）诊断　口蹄疫病变典型易辨认，结合临床病学调查和剖检变化即可做出初步诊断，采用动物接种试验、血清学诊断确诊。

（5）预防　严格按照免疫程序实施免疫。种羊场、规模羊场免疫程序为种公羊和后备母羊每年接种2次，每6个月1次；生产母羊在产后2个月或配种前各免疫1次，幼羊出生后4个月免疫,隔4个月再次接种,其用量、注射方法及注意事项须严格按疫苗说明书执行。病畜疑似口蹄疫时,应立即报告相关部门机关,病畜就地封锁,发病畜群扑杀后要无害化处理,工作人员外出要全面消毒,病畜采食剩余饲料或饮水要烧毁或深埋,畜舍及附近用2%的氢氧化钠喷洒消毒。对疫区周围羊应紧急接种与当地流行的口蹄疫毒型相同的灭活苗。

（6）治疗　用口蹄疫高免血清或康复动物血清进行被动免疫,按每千克体重0.5~1毫升皮下注射,免疫期约2周。口腔病变可用碘甘油涂抹,撒布中药冰硼散（冰片15克,硼砂150克,芒硝150克,共研为细末）；蹄部病变可先用3%的来苏儿清洗,涂擦龙胆紫溶液、碘甘油及碘伏等,再用绷带包扎；乳房病变可用2%的硼酸水清洗后,涂以青霉素软膏。

2. 羊痘病

羊痘病是羊感染痘病毒后的一种急性热性传染病。主要表现为皮肤和黏膜上发生化脓性炎症,出现特殊的丘疹和疱疹。

（1）流行病学　羊痘病毒是一种乙醚敏感的DNA病毒,主要侵犯羊,四季均可发生,但春、秋两季发病相对较多。经呼吸道、消化道和受损的皮肤感染,病羊及其污染的饲料、饮水、土壤等均可成为传播媒介,该病在羊群传播速度很快,病羊痊愈后有终身免疫力。人接触病羊污染物也会感染羊痘,痊愈后也有终身免疫力。

（2）临床症状　患羊精神沉郁,食欲减退,呼吸加快,体温升高至40~42℃以上,可视黏膜有卡他性及脓性炎症,潜伏期5~6天。初期皮肤有红色或紫红色的小丘疹、水疱、痂皮,痂四周有较特殊的灰白色或紫红色晕,其外再绕以红晕,最后变成结节，干燥后结痂而自愈。病程一般为3周，也可长达5～6周，仅有微热，局部淋巴结肿大。羔羊易并发眼结膜炎、鼻炎、咽炎及内脏器官痘疱，并可继发肺炎、胃肠炎和脓血症等。

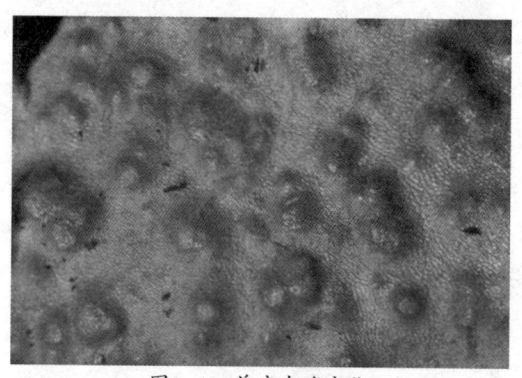

图8-1 羊痘皮肤变化

（3）剖检变化 前胃、皱胃及肠道的黏膜上可见单个或融合的结节并糜烂或溃疡。咽和支气管的黏膜可见痘疹，有出血性炎症，气管及支气管内充满混有血液的浓稠黏液，肺部有干酪样结节和卡他性炎症，有的肺部可见病变区。肝脂肪变性、心肌变性及淋巴结急剧肿胀等。

（4）预防

①定期进行预防接种是杜绝本病发生的关键。羊群应进行羊痘弱毒冻干苗免疫接种。我国已生产绵、山羊痘弱毒冻干苗。各厂生产的羊痘苗多数是山羊痘病毒弱毒苗，可预防绵羊和山羊痘。在尾根内侧无毛处每只皮内注射0.5毫升，如果是用绵羊痘弱毒苗预防山羊痘，则注射剂量为5毫升，4～7天可产生抗体，免疫期1年。

②加强饲养管理，做好消毒、隔离防疫工作。对新购的羊要先隔离30天，不能随便让其与健康羊群接触。定期对场舍进

行消毒，阻断病毒的感染，对病死羊要进行深埋处理。

（5）治疗　对未发病的羊要进行紧急注射羊痘弱毒苗1毫升/只，对已发病的羊接种羊痘弱毒苗5毫升/只。有条件的养殖场可分离已痊愈羊免疫血清，成年羊皮下注射20～30毫升/只，对严重继发感染病羊注射抗生素及利巴韦林8～16毫升。用以下中药方剂治疗，效果亦很好。

①病羊初期　取升麻3克、葛根9克、金银花9克、桔梗6克、浙贝母6克、紫草6克、大青叶9克、连翘9克、生甘草3克，水煎后分2次灌服。

②痘疹破溃期　取连翘12克、黄柏15克、黄连3克、黄芩10克、栀子10克，水煎灌服。

③病羊虚弱期　取沙参12克、寸冬12克、桑叶15克、扁豆10克、花粉9克、玉竹10克、甘草3克，水煎1次灌服。

3. 传染性脓疱

传染性脓疱又称羊口疮。是由传染性脓疱病毒引起的一种人兽共患的急性接触性传染病，特征是口唇等部位的皮肤和黏膜形成丘疹、脓疱、溃疡及疣状厚痂。

（1）流行病学　传染性脓疱病毒主要危害3～6月龄的羔羊，人也可感染。病羊和带毒羊为传染源，主要经损伤的皮肤和黏膜感染。由于病毒的抵抗力较强，本病在羊群内可连续存在多年。

（2）临床症状

①唇型　口角、上唇或鼻镜上出现小红斑、小结节、水疱或脓疱，破溃后结成疣状硬痂，若为良性经过，1～2周后痂皮干燥、脱落而康复。患部继续发生丘疹、水疱、脓疱、痂垢互

相融合，波及整个口唇周围及颜面，眼睑和耳廓等部位形成大面积龟裂、出血，痂垢不断增厚，致使病羊采食、咀嚼和吞咽困难，日趋衰弱。

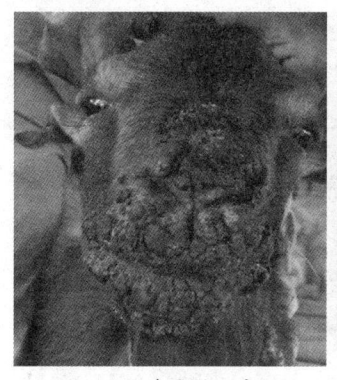 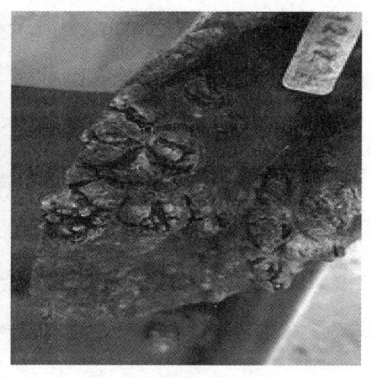

图8-2　羊唇型口疮：
口唇周围病变

图8-3　羊唇型口疮：
耳朵病变

②蹄型　多见一个肢的蹄叉、蹄冠或系部皮肤上出现水疱、脓疱和溃疡及坏死。常波及皮基部和蹄骨，甚至肌腱或关节。病羊跛行，长期卧地。严重者衰竭而死。

③外阴型　阴道有黏液性或脓性分泌物，肿胀的阴唇及其附近皮肤上出现溃疡，公羊阴囊鞘肿胀，出现脓疱和溃疡。

④乳房型　母羊乳头和乳房皮肤发生丘疹、水疱、脓疱、烂斑和痂垢，体温正常，很少死亡。

（3）剖检变化　病羊除口角、唇、舌面等部位有结痂、溃疡病变外，气管、肺出现充血现象，心肌和心外膜有点状出血，小肠壁变薄，轻度出血。

（4）诊断　本病根据临床症状及流行情况做出初步诊断，可用血清学诊断方法进行确诊。诊断时应与羊痘进行区别。羊痘：成年羊在秋季多发，持续高热20多天，全身体表、四胃有大小不等典型痘疹；肺表面有褐色圆形肺炎灶，有白色坏死中心，恶性预后不良。羊口疮：羔羊在春季多发，在口角、上下唇部周围有增生性桑葚状突起的痂垢，体温正常或低温，没有继发感染7天痊愈。成年母羊乳头和乳房皮肤发生水疱和痂垢，体温正常，很少死亡。

（5）预防　禁止从疫区购进羊和饲料。购进羊只必须经过严格的检疫和消毒，隔离观察3周，经检疫证明无病，将蹄部彻底清洗消毒后方可进入大群饲养。在羊口疮病流行地区，母羊产前20天应接种羊口疮灭活疫苗2毫升。羔羊3～5日龄时，在口唇黏膜接种羊口疮弱毒细胞冻干疫苗0.2毫升（1只份），每隔15天接种1次，连续接种2～3次。山羊痘苗免疫羔羊和怀孕母羊对羊口疮具有一定的交叉免疫保护力，其免疫力可持续4个月，可以降低发病率。发病时做好被污染环境的消毒，特别是羊舍和饲管用具的消毒。可用2%的氢氧化钠、0.05%的过氧乙酸或0.1%的消毒威彻底消毒1次。

（6）治疗　全群接种羊口疮弱毒细胞冻干疫苗，可降低发病率。先用水杨酸软膏将痂垢软化，除去痂垢，再用0.1%～0.2%的高锰酸钾溶液冲洗创面，然后涂2%的龙胆紫或5%的碘甘油和碘伏，每天2～3次，直至痊愈。蹄部发生病变，可将蹄部置于5%～10%的福尔马林溶液中浸泡1～2分钟，连泡3次，也可在第二天用3%的龙胆紫溶液或5%的碘甘油、碘伏和红霉素软膏涂拭患部。严重者还可肌肉注射利巴韦林注射液10～16毫升，青霉素160万单位、链霉素100万单位进行治疗。

4. 炭疽

炭疽是由炭疽芽孢杆菌引起的一种人畜共患疫病，呈急性、败血性传染。

（1）流行病学　各种家畜及人都可感染此病，绵羊、山羊等草食动物最易感染发病。

本病多发于夏秋两季，呈散发性流行。羊主要是采食了被炭疽杆菌污染的饲料或饮用了被污染的水源而感染。也可由吸血昆虫叮咬及黏膜创伤感染。其次是吸入含有炭疽芽孢的飞沫、尘埃，经呼吸道黏膜感染发病。病畜是主要传染源，被污染的土壤、水源和牧场可成为持久性的疫源地。

（2）临床症状　羊多为最急性经过，初期常表现兴奋不安，体温升高，行走摇摆，心跳加速，呼吸加快，可视黏膜发绀，后期患羊突然倒地，全身战栗、昏迷、呼吸困难、磨牙，口、肛门、阴门等天然孔流出暗红色泡沫血水，血水呈酱红色，凝固不良，羊多在数分钟内死亡。

（3）病理变化　尸僵不全，四肢松软不硬，天然孔出血，血液呈酱红色，凝固不良，黏膜发绀有出血点。脾脏明显肿大，易碎，切面流出暗红色脾髓。淋巴结、肝、肾、心肿胀出血。

（4）诊断　一般怀疑为炭疽病时不做剖检，须要剖检时应在严格的防护、隔离和消毒的条件下方能进行，防止扩散疫情和感染人。根据突然死亡，死后尸僵不全和天然孔出血等现象可做出初步诊断，但必须与羊快疫、羊巴氏杆菌病、羊猝疽急性致死的疫病加以鉴别。可采集静脉血液、水肿液、便血或内脏送实验室检验。

（5）预防　每年定期皮下接种无毒炭疽芽孢苗（仅用于绵羊）或炭疽芽孢苗（山羊、绵羊均可用）。当发现不明死亡的病羊时，必须立即报告当地动物检疫部门，经过兽医检验人员检验后再做处理。同时隔离病羊,立即用漂白粉溶液或过氧乙酸对被污染的畜舍、场地以及用具进行喷洒消毒。对被污染的饲料、粪便用焚烧、深埋的方法进行处理。当确诊为炭疽病时,病羊不得解剖,更不得食用,应将病羊尸体及污染物焚烧再撒上消毒药深埋处理。

(6)治疗 对全群所有羊用青霉素、链霉素进行预防性治疗,每日2次。连续肌肉注射5天。

5. 羊黑疫

羊黑疫是由B型诺维氏梭菌引起的绵羊和山羊的一种急性高度致死性毒血症。

(1)流行病学 本菌为革兰氏阳性大杆菌,主要感染1岁以上的绵羊,以2～4岁的绵羊发病最多,发病羊多为肥胖羊只。该病的发生与肝片吸虫的感染程度密切相关。主要发生于低洼、潮湿地区,以春夏季多发。

(2)临床症状 病羊主要呈急性经过,不表现临床症状即突然死亡。少数病例可拖延1～2天,主要表现为食欲废绝,反刍停止,精神不振,呼吸急促,体温升高达41℃,最后昏迷而死。本病在临床上与羊快疫、肠毒血症等极其类似。

(3)剖检变化 病羊尸体皮肤呈暗黑色,皮下静脉充血明显,皮下组织水肿。胸腹腔内有黄红色液体,左心室心内膜下常出血。肝脏充血肿胀,有不规则圆形的坏死灶,坏死灶呈灰黄色,周围有鲜红色的充血带围绕,直径可达2～3厘米。真胃幽门部和小肠充血和出血。

(4)诊断 在肝片吸虫流行的地区发现急性死亡的病羊,剖检可见特殊的肝脏坏死变化可做出初步诊断。必要时可做细菌学和毒素检查。

（5）防治　首先用丙硫苯咪唑（10毫克/千克体重）口服控制肝片吸虫的感染；定期用羊厌气菌病五联苗皮下注射或肌肉注射5毫升。治疗可肌肉注射青霉素80万～160万单位，每天2次；静脉、肌肉注射抗诺维氏梭菌血清，每次30～50毫升，注射1～2次。

6. 羊快疫

羊快疫是由腐败梭菌引起的一种急性传染病。主要发生于绵羊，大多突然发病，病程极短，以真胃黏膜呈出血性炎性损害为特征。

（1）流行病学　本病以绵羊发病较多，且以6～18月龄膘情好的绵羊为主，山羊较少发病。羊采食被腐败梭菌污染的饲料和饮水，芽孢进入羊消化道，多数不发病。但当气候骤变引起机体抗病能力下降时，腐败梭菌大量繁殖，产生外毒素引起羊发病死亡。常呈地方性流行，发病率约为10%～20%，病死率为90%。

（2）临床症状　病羊突然出现停止采食和反刍，腹痛，呻吟，拱背。后躯摇摆，呼吸困难，口鼻流出带泡沫的液体。痉挛倒地，四肢呈游泳状运动，2～6小时内死亡。

（3）剖检变化　病羊皱胃黏膜呈出血性炎症，底部有大小不等的出血斑。胸腔、腹腔、心包和十二指肠黏膜有明显的充血、出血，甚至形成溃疡。

（4）防治　每年应定期注射羊厌氧菌病三联苗（羊快疫、羊猝疽、羊肠毒血症）或五联（羊快疫、羊肠毒血症、羊猝疽、羊黑疫和羔羊痢疾）灭活疫苗。加强饲养管理，严禁羊采食霜冻饲料，防止受寒冷刺激。

7. 羊肠毒血症

主要是由D型魏氏梭菌产生毒素所引起的绵羊急性传染病。该病以发病急，死亡快，死后多以肾脏软化为特征，又称软肾病。

（1）流行病学　本病以绵羊发病居多，山羊发病较少。通常以2～12月龄膘情较好的羊为主。春夏之交时和秋季发病较多，多呈散发流行。

（2）临床症状　突然发作，很少能见到症状就死亡。在倒毙前四肢出现强烈的划动，肌肉颤搐，眼球转动，磨牙，流涎，随后头颈显著抽缩，继而昏迷，角膜反射消失，往往死于发病后的2～4小时内。有的病羊发生腹泻，排出褐色或绿色粪便。

（3）剖检变化　肝脏肿大，有黄白色的坏死斑。肾脏肿大，质地松软，肾脂肪囊水肿，膀胱黏膜出血。肺门淋巴结出血，周围有黄色胶冻状物，心外膜水肿。肠道出血，肠系膜淋巴结水肿、出血。大网膜有多处凝血块，腹腔有血红色液体，瘤胃、真胃及小肠黏膜弥漫性出血。

（4）诊断　本病的确诊除根据临床症状外，还需进行实验室诊断，采集小肠内容物、肾脏及淋巴结等制片染色镜检。

（5）预防　常发区定期接种羊厌氧菌病三联苗或五联苗，成年羊和羔羊一律皮下或肌肉注射5毫升，羔羊还可以接种魏氏梭菌D型疫苗。

（6）治疗　对病程较缓慢的病羊，可肌肉注射青霉素80万～160万单位，每天2次，可采取强心、补液、镇静等措施进行对症治疗，有时尚能治愈少数病羊。

8. 羊猝疽

该病主要是由C型产气荚膜杆菌引起的，以急性死亡为特征，同时伴有腹膜炎和溃疡性肠炎。

（1）流行病学　本病多发生于1～2岁成年绵羊，常流行于潮湿、低洼地区，冬春季节多发。主要经消化道感染，呈地方性流行。

（2）临床症状　病变和羊肠毒血症基本类似。病羊病程很短，一般表现为急性死亡。有的病羊突然无神，侧身卧地，剧烈痉挛，咬牙，眼球突出，惊厥而死。

（3）剖检变化　真胃、肠道呈炎症变化，小肠溃疡，大肠壁血管怒张、出血。心包、胸腔及腹腔积液，心外膜有出血点，肾脏变性。

（4）防治　定期注射羊快疫、羊猝疽和羊肠毒血症三联苗。

9. 羔羊痢疾

羔羊痢疾是由B型魏氏梭菌引起初生羔羊的一种急性毒血症，以剧烈腹泻和小肠发生溃疡为特征。

（1）流行病学　B型魏氏梭菌主要危害7日龄以内的羔羊，其中2～3日龄的羔羊发病最多，高代杂交品种羔羊死亡率甚高。本病传染来源是病羔，其粪便内含有大量病原菌，污染羊舍和周围环境，经消化道、脐带和外伤等途径而感染。羔羊体质瘦弱，气候寒冷，饥饱不匀，均可降低羔羊抵抗力，引起羔羊痢疾。

（2）临床症状　自然感染的潜伏期为1～2天，病初精神沉郁，食欲减退，继而腹泻，粪便恶臭、带血，状如面糊。病羔逐渐虚弱，卧地不起，常在1～2天内死亡。有的羔羊以神经症状为主，四肢瘫软，卧地不起，呼吸急促，口流白沫，最后昏迷，体温降至常温以下，常在数小时到十几小时内死亡。

（3）剖检变化　尸体脱水，真胃内存在未消化的凝乳块，小肠黏膜充血发红，溃疡周围有出血带环绕，肠出血，肠系膜淋巴结肿胀充血、出血。心包积液，心内膜有出血点，肺充血或瘀血。

（4）诊断　根据流行病学、临床症状和病理变化一般可以做出初步诊断，确诊需通过实验室鉴定病原菌。另外，沙门氏菌、大肠杆菌和肠球菌也可引起初生羔羊下痢，应注意区别。

（5）预防　母羊每年秋季注射1次羔羊痢疾苗，在产前2～3周再接种1次；产前还可皮下注射1次羊厌气菌病五联苗或六联苗（羊肠毒血症、羊快疫、羊猝疽、羊黑疫、羔羊痢和大肠杆菌病），使羔羊在母体内获得抗体。

（6）治疗　治疗以清理肠道，杀菌消毒为主。取磺胺脒0.5克、鞣酸蛋白0.2克、次硝酸铋0.2克、碳酸氢钠0.2克、土霉素0.1克，加水灌服，每日3次。在选用上述药物的同时，也可注射氟苯尼考、氧氟沙星、恩诺沙星等，可获得良好效果。

中药治疗羔羊痢疾有明显的效果。取苦参4克、穿心莲3克、罂粟壳1克、神曲30克共研碎，水煎灌服，连用1～3天见效。

10. 羔羊大肠杆菌病

羔羊大肠杆菌病是由致病性大肠杆菌引起羔羊的一种急性、致死性消化道传染病。

（1）流行病学　羔羊大肠杆菌病多发于6周龄内的羔羊，病羔和带菌者是主要传染源，通过污染水源、饲料及乳头和皮肤而感染，呈地方性流行。冬春季多发，与天气骤变、圈舍潮湿和污秽、羔羊先天性发育不全或后天营养不良有关。

（2）临床症状　2~6周龄羔羊发病后，体温41~42℃，精神沉郁，迅速虚脱，粪便稀薄并混有气泡及血液，运步失调，磨牙，视力障碍，有的出现关节炎。羔羊表现腹痛，虚弱，严重脱水，不能站立，24~36小时死亡。

（3）剖检变化　尸体消瘦，严重脱水。肠内充满黄灰色液状内容物，肠黏膜充血、有出血点，肠系膜淋巴结肿大、出血。病羊可见胸、腹腔和心包大量积液，心肺表面有纤维素样渗出物。腕关节肿大，内含脓性絮片。脑膜充血、有出血点，大脑沟有多量脓性渗出物。

（4）诊断　根据流行病学、临床症状和剖检变化进行诊断。从病灶组织、血液或肠内容物分离致病菌，应与魏氏梭菌引起的羔羊痢疾相区别。

（5）预防　母羊要加强饲养管理，做好母羊的抓膘工作，同时应注意羔羊的保暖防寒工作，对病羔要立即隔离，及早治疗。对污染的环境、用具用3%~5%的来苏儿消毒。用本场流行的血清型大肠杆菌制备多价活疫苗接种怀孕母羊，可使羔羊获得被动免疫。

（6）治疗　大肠杆菌对新霉素、甲砜霉素、磺胺脒、庆大霉素、恩诺沙星、环丙沙星等药物敏感。磺胺脒首次每千克体重内服1克，以后每隔6小时，每千克体重内服0.5克。肌肉注射庆大霉素每千克体重2~4毫克；恩诺沙星或环丙沙星按每千克体重3毫克。心脏衰弱时皮下注射25%的安钠咖0.5~1毫升，对脱水严重的羊静脉注射5%的葡萄糖盐水50~100毫升。

11.羊传染性胸膜肺炎

羊传染性胸膜肺炎又称羊支原体性肺炎，是由支原体所引起的一种高度接触性传染病，其临床特征为高热、咳嗽、胸和胸膜发生浆液性和纤维素性炎症，病死率高。

（1）流行病学　引起山羊传染性胸膜肺炎的病原为支原体，在自然条件下，3岁以下的山羊最易感染。绵羊肺炎支原体可感染山羊和绵羊。病羊和带菌羊是本病的主要传染源。本病常呈地方性流行，主要通过空气经呼吸道传染，多见于冬季和早春枯草季节。营养缺乏的羊只，容易受寒感冒，机体抵抗力降低，较易发病。

（2）临床症状　潜伏期18～20天。根据病程和临床症状，可分为最急性、急性和慢性3型。

①最急性　病初体温增高，可达41～42℃，极度萎顿，食欲废绝。数小时后出现肺炎症状，呼吸困难，咳嗽，并流浆液带血鼻液。病羊卧地不起，四肢直伸。黏膜高度充血，发绀，目光呆滞，呻吟哀鸣，不久窒息而亡。病程一般不超过4～5天。

②急性　病初体温升高，咳嗽，4～5天后，鼻液转为脓性并呈铁锈色，高热稽留不退，食欲锐减，呼吸困难，眼睑肿胀，流泪，眼有脓性分泌物，口流泡沫状唾液。有的发生鼓胀和腹泻。口唇和乳房等部易出现皮疹。70%～80%的孕羊流产。

③慢性　身体衰弱，症状轻微，体温降至40℃左右。病羊间有咳嗽和腹泻，鼻涕时有时无，被毛粗乱，很容易出现并发症而迅速死亡。

（3）剖检变化　胸腔常有淡黄色液体，纤维素性肺炎，颜色由红色至灰色不等，切面呈大理石样，胸膜变厚而粗糙，附着有黄白色纤维素渗出物，与肋膜及心包粘连。心包积液，心肌松弛、变软。急性病例还可见脾肿大，胆囊肿胀，肾肿大和出血。

（4）诊断　本病的流行规律、临床表现和病理变化都很有特征，根据这3个方面可以做出初步诊断。临床和病理变化与羊链球菌病及巴氏杆菌病相似，确诊需进行病原分离鉴定和血清学试验。

（5）预防　防止引入病羊和带菌者。新引进羊只必须隔离检疫1个月以上，确认健康时方可混入大群。发病羊群应进行封锁，及时对全群进行逐只检查，对病羊及可疑病羊分群隔离治疗；对被污染的羊舍、场地、饲管用具应进行彻底消毒。

免疫接种是预防本病的有效措施。我国目前有山羊传染性胸膜肺炎氢氧化铝苗、鸡胚化弱毒苗及绵羊肺炎支原体灭活苗，养殖场和养殖户应根据当地病原体的分离结果选择使用。

（6）治疗　羊传染性胸膜肺炎可选用泰乐菌素、泰妙菌及阿奇霉素等治疗。泰乐菌素每千克体重20～50毫克，每天2次，连用7天，间隔5天后，再用3天。每100千克饮水中加入5～10克泰妙菌素或阿奇霉素自由饮水，连用7天。每千克体重肌肉注射泰妙菌素20毫克，每天1次，5天为1个疗程，治疗2个疗程。肌肉注射清开灵注射液5～10毫升，每天1次，连用3天。

12. 羊链球菌病

羊链球菌病是一种急性、热性、败血性传染病。该病以咽喉部及下颌淋巴结肿胀，大叶性肺炎，呼吸异常困难，胆囊肿大为特征。

（1）流行特点　羊链球菌病是链球菌属C群兽疫链球菌引起的。绵羊对该病易感性高，山羊次之。病羊和带菌羊为传染源，病死羊的肉、骨、皮、毛等亦可散播病原。呼吸道为主要传播途径，也可经皮肤创伤、羊虱蝇叮咬等途径传播。新发区常呈流行性发生，老疫区则呈地方性流行或散发。

（2）临床症状

①急性型　病羊体温升高至41℃，呼吸困难，精神不振，食欲低下，反刍停止。流涎，鼻孔流浆液性、脓性分泌物，结膜充血。有时可见眼睑及面颊及乳房部位肿胀，咽喉部及下颌淋巴结肿大。粪便松软，带有黏液或血液。病死前常有磨牙、呻吟及抽搐现象，病程1～3天。

②亚急性型　体温升高，食欲减退。嗜卧、不愿走动，走时步态不稳。咳嗽，流鼻液。病程1～2周。

③慢性型　一般轻微发热，病羊食欲不振，咳嗽，消瘦。腹围缩小，步态不稳、僵硬。有的出现关节炎。病程1个月左右。

（3）剖检变化　以败血性变化为主，尸僵不明显。各脏器广泛出血，肺脏呈大叶性肺炎，有时肺脏尖叶有坏死灶，肺脏常与胸壁粘连。胆囊肿大。肾脏肿胀、梗死，各脏器浆膜面常覆有黏稠的纤维素样物质。

（4）诊断　羊链球菌病与羊巴氏杆菌病在临床症状和病理变化上很相似，常通过细菌学检查做出鉴别诊断。

（5）预防　每年发病季节到来之前，用羊链球菌氢氧化铝甲醛菌苗进行预防接种，大小羊一律皮下注射3毫升，3月龄以下羔羊，2～3周后重复1次，免疫期可维持半年以上。

（6）治疗

①药物治疗　早期可用青霉素、壮观霉素、菌必治、氧氟沙星或头孢曲松钠药物治疗。青霉素80万～160万单位，每日肌肉注射2次，连用2～3天；盐酸林可霉素、壮观霉素注射液按0.1～0.2毫升/千克体重的剂量肌注，每天1次，连用5～7天；头

孢曲松钠1～2克、地塞米松2～5毫克、0.5%的盐水250～500毫升、维生素C5～10毫升、维生素B_1 25～10毫升，混合后1次缓慢静注。每天2次，连用2天，症状减轻后改为每天1次，呼吸困难的羊肌注尼可刹米。

②局部治疗　先将下颌、关节及脐部等处局部脓肿切开，清除脓汁。再用双氧水清洗消毒，生理盐水冲洗干净，然后涂碘酒和抗生素软膏。

③中药治疗　取麻黄8克、杏仁10克、石膏20克、紫苏10克、前胡10克、黄芩10克、鱼腥草30克、甘草8克，水煎服。

13. 布鲁氏杆菌病

布鲁氏菌能引起羊流产及不孕不育等症状。以长期发热、流产、睾丸炎、腱鞘炎和关节炎等为主要临床特征。

（1）流行病学　布氏杆菌是在自然环境中生活力较强，在病畜的分泌物、排泄物及死畜的脏器中能生存4个月左右，在食品中生存2个月。对常用化学消毒剂较敏感。本病一年四季均可发病，牧区发病率高于农区，呈点状暴发流行。羊采食被污染的饲料及舔食来自生殖道的感染物容易感染。经常接触病羊的人最容易感染本病。

（2）临床症状　多数病例为隐性感染，怀孕羊发生流产是该病的主要症状，多发生于怀孕后的3～4个月。有时患病羊发生关节炎、滑液囊炎和跛行。少数羊发生角膜炎和支气管炎。公羊可引起化脓性睾丸炎和附睾炎，睾丸肿大，后期睾丸萎缩，关节肿胀和不育。

（3）剖检变化　肝、脾、淋巴结、心、肾等有浆液性炎性渗出；淋巴呈弥漫性增生，稍后常伴纤维细胞增殖和肉芽肿，肉芽肿进一步发生纤维化，最后造成组织器官硬化。

（4）诊断　母畜表现流产、胎衣滞留、子宫炎、阴道炎和乳腺炎等。公畜表现为睾丸炎、副睾炎、阴囊肿大、关节炎和滑囊炎等。确诊应做血清学试验或细菌学检验，以凝集试验、补体结合试验为主要方法。

（5）预防

①购进种羊时，要对购进羊只进行严格检疫，隔离观察2个月，确定健康后方可进入羊群。全群每半年定期检疫1次，一旦发现有阳性，应隔离6个月重检1次，两次检疫为阳性者，应按带菌病羊进行淘汰处理。病畜的流产物及死畜必须深埋。对其污染的环境用20%的漂白粉或10%的石灰乳消毒。病健羊分群分区放牧或分群饲养。

②免疫接种

A. 口服布氏杆菌猪型Ⅱ号菌苗，每只绵、山羊用量为100亿活菌，也可皮下或肌肉注射。免疫期均为3年。

B. 皮下接种布氏杆菌羊型Ⅴ号菌苗，每只用量10亿菌。

第二节　肉羊寄生虫病

1. 肝片形吸虫病

肝片形吸虫是一种寄生在羊胆管内的蠕虫，多呈地方性流行，可引起绵羊大批死亡。

（1）临床症状　成年羊寄生少量虫体往往不表现病状；羔羊寄生少量的虫体，表现出极明显的症状。

①急性型　病羊初期轻度发热，食欲减退，排黏液性血便，全身颤抖，虚弱和容易疲倦，并有腹泻、黄疸、腹膜炎等症状。肝区有压痛表现。发病后迅速出现贫血，黏膜苍白，有的病例在几天后便死亡。

②慢性型　病羊消瘦，食欲减退，被毛粗乱无光，步行缓慢，便秘与下痢交替发生，贫血逐渐加重，黏膜苍白或黄染，眼睑、颌下、胸下及腹下发生水肿，严重病羊出现胸水和腹水。患病的母羊乳汁稀薄，怀孕的母羊流产，最后因极度衰竭而死亡。

（2）剖检变化　主要表现肝肿大，肝组织可表现出广泛性的炎症，肝实质梗塞，肝胆管扩张，胆囊壁肥厚，有时可发现胆道内肝片形吸虫。肠壁可见出血灶，纤维蛋白性腹膜炎。

（3）诊断　根据流行特点，临床症状及剖检在肝脏找到虫体可确诊；粪便沉淀检查发现虫卵可确诊肝片形吸虫病。

（4）预防

①定期驱虫　根据本地区流行情况，用丙硫咪唑驱虫，每千克体重20毫克，每年2次，第一次在秋末冬初10～11月，第二次在4～5月。

②对畜粪及时清理堆积发酵，杀死虫卵。

③注意饮水及饲草卫生，避开有锥实螺的地方放牧，以防感染囊蚴。给羊饮用洁净的自来水或井水。

（5）治疗　丙硫咪唑按每公斤体重30～45毫克，1次灌服；丙硫苯咪唑（肠虫清）按每公斤体重15～25毫克，1次灌服；肝蛭净（三氯苯唑）按每千克体重10毫克，1次灌服。配合肌肉注射维生素B_{12}针剂，每日4支，连用5天。

2. 羊肺线虫病

羊肺线虫病是由网尾科和原圆科的线虫寄生在羊呼吸系统导致支气管炎和肺炎的疾病。

（1）临床症状　羊群遭受感染时，咳嗽，喷嚏，常咳出含有虫体及虫卵的黏液团块，呼吸急促，鼻孔中排出黏稠分泌物，干涸后形成鼻痂。逐渐消瘦，贫血，头、胸及四肢水肿。

（2）剖检变化　肺膨胀不全和肺气肿，肺表面隆起，呈灰白色，触摸时有坚硬感。支气管中有黏性或脓性分泌物；气管、支气管及细支气管内可发现不同数量的大、小肺线虫。

（3）诊断　可依据其症状表现，用漏斗幼虫分离法在粪便中查到第一期幼虫，可做出确诊。

（4）预防　该病流行区内，每年应对羊群进行1～2次普遍驱虫，可在饲料中加入硫化二苯胺，用量：成年羊1克、羔羊0.5克，让羊自由采食。

（5）治疗　丙硫咪唑按每千克体重30～45毫克口服；苯硫咪唑按每千克体重5毫克口服；左旋咪唑按每千克体重7.5～12毫克口服；阿维菌素按每千克体重0.2毫克1次肌肉注射或皮下注射。

3. 羊血吸虫病

羊血吸虫病是由血吸虫寄生在羊门静脉、肠系膜静脉和盆腔静脉内，引起贫血、消瘦与营养障碍的一种疾病。

（1）临床症状

①急性　病羊体温升高，食欲减退，精神不振，呼吸急促，有浆液性鼻液，下痢，消瘦及贫血等。患羊站立困难，全身虚脱，可造成大批死亡。

②慢性　患羊消瘦，黏膜苍白，下颌及腹下水肿，消化不良，腹泻不止，病羊后期出现肝炎、肝硬化、肠溃疡和血便。母羊不发情、不孕或流产。羔羊生长和发育受阻。

（2）剖检变化　尸体消瘦、贫血、腹水。肠系膜及大网膜胶冻样浸润，有出血点或坏死灶，肠系膜淋巴结水肿。肝脏质地变硬，肝表面可见灰白色网状组织的凹陷纹理，散布着灰白色坏死结节，肝脏在初期多表现为肿大，后期多表现为萎缩，被膜增厚，呈灰白色。

（3）诊断　根据寄生虫数量及病理变化来确诊。在粪检时可采用粪便沉淀孵化法，根据粪中孵出的毛蚴进行诊断。

（4）预防　在每年4～5月份和10～11月份定期驱虫。选择无螺水源，以杜绝尾蚴的感染。结合水土改造工程或用灭螺药物杀灭中间宿主，阻断血吸虫的发育途径。疫区内粪便进行堆肥发酵和制造沼气，既可增加肥效，又可杀灭虫卵。

（5）治疗　硝硫氰胺按每千克体重4毫克，配成2%～3%的水悬液，颈静脉注射；吡喹酮按每千克体重30～50毫克，1次口服。

4.绦虫病

绦虫病是绦虫寄生于羊小肠中影响消化机能和生长发育，甚至可引起羔羊死亡的一种肠道寄生虫。

（1）临床症状　感染初期，羔羊食欲减少，下痢腹痛，粪便带有白色的孕卵节片，可视黏膜苍白，消瘦。患羊常卧地不起，抽搐，头向后仰或常做咀嚼动作，口周围留有许多泡沫。

（2）诊断　根据患病羔羊临床症状、解剖时见绦虫节片可以初步诊断。用盐水漂浮法处理粪便，镜检发现虫卵，可确诊为绦虫病。

（3）预防　每年春季、秋季进行2次驱虫，放牧羊每40天驱虫1次，效果更好。成年羊和羔羊分群饲养，避免到潮湿和有地螨的地方放牧，也不要在雨后或有露水的草场放牧。对粪便和垫草要堆肥发酵，杀死粪内虫卵。

（4）治疗　丙硫苯咪唑（抗蠕敏）按每千克体重5~10毫克口服；灭绦灵按每千克体重50毫克口服；硫双二氯酚按每千克体重40~60毫克口服；阿苯达唑按每千克体重30毫克口服。

5. 脑多头蚴病

脑多头蚴病又叫脑包虫病。本病是由多头绦虫的幼虫（多头蚴）寄生于羊的脑、脊髓内而引起脑炎、脑膜炎等一系列症状的疾病。

（1）临床症状　感染初期出现体温升高、呼吸及脉搏加快、兴奋、前冲或后退等神经症状，数日内恢复正常。随着虫体在脑内寄生的部位不同，表现症状也不同。如寄生在大脑前部，病羊则向前直跑，直至头顶在墙上，向后仰；如寄生在大脑后部则头弯向背面；如寄生在小脑，羊则表现四肢痉挛，体躯不能保持平衡。随着脑包虫逐渐长大，病畜精神沉郁，食欲减退，垂头呆立。在脑包虫感染后期，虫体寄生脑部浅层的头骨往往变软，皮肤隆起。

（2）诊断　根据临床症状、病史、头部触诊综合判定，可应用B超仪探查确诊寄生部位，剖检病变部囊肿，抹片镜检发现脑多头蚴即可确诊。

（3）预防　不要让狗采食患有脑包虫的羊脑，对养羊场或农户所养的狗要定期给予驱虫，驱虫后，对狗粪便集中深埋或者焚烧处理。

（4）治疗

①手术治疗　通过手术摘除患羊脑内的虫体。患部定位后，局部剃毛，消毒，将皮肤做"U"字形切口，打开术部颅骨，先用注射器吸出囊液，再摘除囊体，然后对伤口做一般外科处理，术后3天内连续注射青霉素防止细菌感染。也可不做切口，直接用注射针头从外面刺入囊内抽出囊液，再注入75%的酒精1毫升。

②药物治疗　可用吡喹酮口服，每千克体重50毫克，连用5天，或者每千克体重70毫克，连用3天。

6. 消化道线虫病

羊消化道线虫病是羊消化道线虫寄生在羊胃肠引起消化紊乱及胃肠道炎为特征的寄生虫病。线虫种类主要为捻转血矛线虫，奥斯特线虫、马歇尔线虫、毛圆线虫、细颈线虫、古柏线虫和仰口线虫等。

（1）症状　病羊主要表现为消瘦、贫血、腹泻，眼结膜苍白，严重病例下颌间隙水肿、发育受阻。少数病例体温升高，呼吸心跳快而弱，最后衰竭死亡。

（2）剖检变化　尸体消瘦、贫血，羊消化道有线虫寄生。胸、腹腔内有淡黄色渗出液，大网膜、肠系膜胶冻样浸润。肝脏、脾脏萎缩及变性。真胃黏膜水肿，有时可见虫咬的痕迹和粟粒大小结节，小肠和盲肠黏膜有卡他性炎症，大肠有溃疡性和化脓性病灶，可见到黄色小点状的结节。

（3）诊断　可用饱和盐水漂浮法检查新鲜粪便，发现虫卵即可确诊。羊死后剖检，可从消化道内发现虫体进行鉴定，就可区别是哪种线虫所引起的疾病。

（4）防治　定期驱虫可很好地控制该病的发生，一般可安排在每年春秋季各驱虫1次，驱虫后粪便堆积发酵处理。羊群应饮用卫生的水，避免在潮湿低洼地带放牧。

（5）治疗　丙硫咪唑按每千克体重15～40毫克灌服；左旋咪唑按每千克体重5～10毫克口服、皮下或肌肉注射；阿维菌素按每千克体重0.2毫克1次肌肉注射或皮下注射。

7. 梨形虫病

羊梨形虫病是由泰勒科和巴贝斯科的各种原虫引起以高热、贫血、结膜黄染、血红蛋白尿为主要特征的血液原虫病，俗称羊焦虫病。本病呈地方性流行，硬蜱是此病传播的中间宿主，有明显的季节性，一般4～10月间，羔羊多呈急性经过，死亡率高。患病耐过的羊有带虫免疫现象，不再发生此病。

（1）临床症状

①羊泰勒虫病　羊体消瘦，精神沉郁，体温升高到41℃，呈稽留热型，食欲减退，呼吸急迫，脉搏加快，心律不齐，便秘或腹泻，尿黄。四肢僵硬，喜卧地，眼结膜初为充血，继而苍白黄染。体表淋巴结肿大，肩前淋巴结肿大尤为显著，可由核桃大至鸭蛋大，触之有痛感。

②羊巴贝斯虫病　体温升高至稽留数日，精神萎靡，食欲废绝，呼吸浅表，脉搏加速，可视黏膜苍白，高度黄染。血液稀薄，尿血，腹泻。后期出现神经症状，倒地死亡。

（2）剖检变化　羊泰勒虫病可见尸体消瘦，贫血，全身淋巴结不同程度地肿大，尤以肩前、肠系膜、肝、肺等处淋巴结肿大更为明显。肝脏、脾脏肿大。真胃黏膜有溃疡斑，肠黏膜有少量出血点。巴贝斯虫病可见黏膜与皮下组织贫血、高度黄染。脾肿大有出血点，胆囊肿大，充满胆汁。膀胱扩张，充满红色尿液。瓣胃塞满干硬的物质。

（3）诊断　在高温季节，有高热、贫血、黄疸及血红蛋白尿症状，存在中间宿主硬蜱，实验室检查发现虫体即可确诊。

（4）预防　本病流行区在发病季节到来之前，在羊身上和栏舍用0.006%的氯氰菊酯水乳液喷雾灭蜱，防止蜱叮咬而发病。在每年5～10月对羊进行药物预防注射，用贝尼尔按每千克体重5毫克配成溶液，深部肌肉注射1次，也可选用焦虫疫苗按说明使用。

（5）治疗

①贝尼尔按每千克体重5毫克，以蒸馏水溶解，肌肉注射，每天1次，连用3天。也可按每千克体重7毫克静脉注射，为了防止呼吸困难，同时肌肉注射4毫升。

②阿卡普林按每千克体重0.6～1毫克剂量，配成5%的水溶液，静脉注射。24小时后可重复用药。

③黄色素按每千克体重3毫克，配成0.5%～1%的水溶液，静脉注射。注射时药物不可漏出血管外。注射后数天内须避免强烈阳光照射，以免灼伤。症状未见减轻时，间隔24～48小时再注射1次。

④辅助治疗　本病除用驱虫药外，还应辅以强心、补液和补充维生素等措施，严重贫血时，可以输血。

8. 羊螨病

羊螨病是由于螨虫寄生于羊体表而引起的慢性外寄生虫病。其特征是皮肤发生炎症、脱毛和奇痒，以绵羊危害最为严重。

（1）临床症状　病羊消瘦奇痒，大面积脱毛、结痂，皮肤增厚，失去弹性而形成皱褶。山羊痒螨病常见于嘴唇四周、眼圈、耳根等处形成黄色痂皮，严重者可见皮肤皲裂，影响采食。绵羊主要局限于头部，病变部的皮肤有如干涸的石灰，故有"石灰头"之称。

（2）诊断 刮取患病皮肤与健康皮肤交界处的皮屑，放于载玻片上，滴加煤油，置显微镜下寻找虫体或虫卵即可确诊。

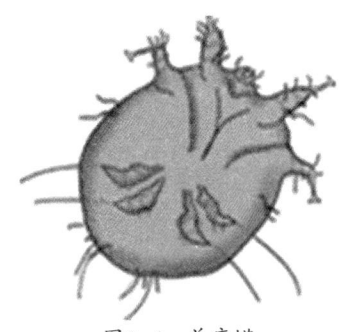

图8-4 羊疥螨

（3）预防 饲养人员注意观察羊群中的羊有无发痒、掉毛现象，及时挑出可疑病羊，隔离治疗，确认无螨病后，再混群饲养。被污染的栏舍及用具用杀螨剂喷雾杀虫。每年在剪毛7天后，用0.025%的螨净（二嗪农）或0.006%的氯氰菊酯水乳液对羊进行药浴，要保证羊群一只不漏。

（4）治疗

①患部治疗 用5%的敌百虫溶液（来苏儿5份，溶于温水100份中，再加入5份敌百虫）擦洗病患处。

②全群治疗 除癞灵进行320倍常水稀释后药浴，也可选用0.05%的双甲脒或0.1%的马拉硫磷进行药浴。肌肉注射或皮下注射阿维菌素（每千克体重0.2毫克），7天后再皮下注射1次。

第三节　肉羊普通病

1. 瘤胃臌气

这是羊由于饱食大量易发酵的饲料或空腹后骤然采食大量饲草引起饲料在瘤胃内发酵，产生大量气体，造成瘤胃膨胀的一种疾病。

（1）病因　患羊过食易于发酵的饲草，如露水草、带霜水的青绿饲料、开花前的苜蓿、马铃薯叶、豌豆、油渣及霉变的青贮饲料等。这些饲料在胃内迅速发酵，产生大量气体，因而引起瘤胃急剧膨胀。此外，饲喂霜冻饲料、酒糟或霉败变质的饲料也易发病。该病还可继发于食道阻塞、瘤胃积食、前胃弛缓和创伤性网胃炎等疾病，多见于春末夏初放牧羊群。

（2）临床症状　急性瘤胃臌气，病羊表现不安，回头顾腹，拱背伸腰，腹部凸起，有时左肷向外突出高于髋关节或中背线，反刍和嗳气停止。触诊腹部紧张性增加，叩诊呈鼓音，听诊瘤胃蠕动音减弱，黏膜发绀，心律加快。

慢性瘤胃臌气多为继发性和非泡沫性。发病缓慢，常呈周期性或间歇性臌气，按压腹壁紧张性较低。病羊食欲减退，瘤胃蠕动减弱，反刍减缓。严重时呼吸有些困难，但病轻时又转为平静，病羊表现为消瘦、精神不振、被毛粗乱，间歇性腹泻和便秘。

（3）诊断　根据病史和临床症状，可以做出初步诊断。

（4）预防　防止羊采食过量的多汁、幼嫩的青草、豆科植物（如苜蓿）以及甘薯秧、甜菜等。不在雨后或带有露水、霜的草地上放牧。做好饲料保管和加工调制工作，严禁饲喂发霉腐蚀饲料。

（5）治疗　治疗原则为排气减压，制止发酵，恢复瘤胃功能。

①放气　臌气严重的病羊要用套管针进行瘤胃放气。在左肷部剪毛，消毒，然后用兽用15号针头刺破皮肤，插入瘤胃放气。在放气中要紧压腹壁使腹壁紧贴瘤胃壁，边放气边下压，以防胃液漏入腹腔引起腹膜炎。气体停止排出时，可向瘤胃注入消气灵10~30毫升，如果放气不畅，瘤胃有大量泡沫时，向瘤胃注入植物油100~500毫升，反复按压左肷部，气体会慢慢排除，臌气消失。

②灌服药物或油类　对臌气不太严重的羊，灌服消气灵10~30毫升，或将液状石蜡油或植物油200~500毫升加水1000毫升灌服。为抑制瘤胃内容物发酵，可灌服鱼石脂5~10克、福尔马林5毫升（配成1%~2%的溶液）。

③静脉注射药物

促进嗳气，恢复瘤胃功能：静脉注射促反刍液100毫升和10%的安钠咖5~10毫升。

调整瘤胃酸碱度：静脉注射5%的碳酸氢钠100~250毫升。

促进瘤胃蠕动：肌肉注射维生素B_1针5~10毫升；还可皮下注射2%的毛果芸香碱1毫升。

④中药治疗　可用枳实消痞散加减治疗，取枳实、厚朴、莱菔子、木香、白术各10克，神曲、山楂、大黄各9克，茴香15克、芒硝20克，另加植物油100毫升，1次灌服。

2. 前胃迟缓

本病是由于前胃兴奋性不足或收缩力缺乏而导致羊消化系

乱的一种常发病。

（1）病因　原发性前胃迟缓多由于羊体质衰弱、长期饲喂粗硬的劣质饲草或冰冻的饲料、饮用冰冻水，致使前胃先过度兴奋，而后转为弛缓。长期饲喂柔软的精料，对胃黏膜神经感受器的刺激不足，也可发生此病。继发性前胃迟缓多见于牙齿疾病、瘤胃积食、瓣胃阻塞以及全身急慢性疾病中。

（2）临床症状　羊出现瘤胃臌气时，呈现呼吸困难，口舌青白，鼻镜干燥，眼窝下陷，倦怠无力，毛焦肷吊，四肢浮肿等症状，常常伏卧。慢性病羊被毛粗乱，体温、呼吸、脉搏无变化，食欲减退，反刍缓慢，瘤胃蠕动力量减弱，次数减少，内容物呈现液状。有些羊表现为瘤胃积食、便秘和腹泻交替出现。老龄羊往往发展为营养性衰竭症，表现贫血，衰竭而死亡。

（3）诊断　急性病羊食欲废绝，反刍停止。瘤胃蠕动力量减弱或停止，瘤胃内容物腐败、发酵，产生多量气体。左腹增大，触诊不坚实。继发性前胃弛缓，常伴有原发性疾病的特征症状。

（4）治疗

①禁食　因过食引起的前胃迟缓，可禁食2～3次，然后供给易消化的青干草，使之逐渐恢复正常。

②药物治疗　先投给泻剂，清理胃肠，再投给瘤胃兴奋药和防腐止酵剂。成年羊可用硫酸镁或人工盐20～30克、液状石蜡油100～150毫升、番木鳖酊2毫升、大黄酊10毫升，加水500毫升，1次内服；也可用酵母粉10克、红糖10克、陈皮酊15毫升，加水适量，混合后1次灌服。另外可用大蒜酊20毫升、龙胆末10克，加水适量，1次灌服。另外，兴奋瘤胃可用2%的毛果

芸香碱1毫升,皮下注射。防止酸中毒,可内服碳酸氢钠10~30克。

③手术治疗 对于药物治疗前胃弛缓效果不佳的羊,可采用手术疗法,切开前胃取出大量积食,迅速排除病因。

④中药治疗 取大黄12克、芒硝25克、枳壳10克、厚朴10克、麦芽10克、山楂10克、六曲10克、陈皮10克、香附10克、黄芪10克、槟榔6克,共研为末,开水冲调,加猪油100克,候温灌服。

3. 瘤胃积食

瘤胃积食中兽医叫宿草不转,俗称撑死病。是因前胃(瘤胃、网胃、瓣胃)的兴奋性降低,采食了大量难以消化的饲料,使瘤胃体积增大、内容物停滞和阻塞,胃壁扩张,导致瘤胃运动和消化障碍、脱水和毒血症的一种疾病。

(1)病因 山羊比绵羊多发,老龄母羊较易发病。主要是由于贪食大量容易膨胀的饲料,如豆秸、苜蓿、花生蔓、紫云英、稻草、麦秸、麸皮、棉籽饼、酒糟及豆渣等,缺乏饮水,难于消化所致。长期舍饲羊,运动不足,变换饲料或者放牧转为舍饲,采食难于消化的干枯饲料也导致瘤胃积食。此外,该病还可继发于前胃弛缓、瓣胃阻塞、创伤性网胃炎、腹膜炎、皱胃炎及皱胃阻塞等疾病。瘤胃积食引起的急性消化不良,可使碳水化合物在瘤胃中形成大量乳酸,导致机体酸中毒。

(2)临床症状 患羊病初表现为食欲、反刍减少,鼻镜干燥,口舌赤红,后期青紫,粪干色暗,有时排少量稀软恶臭的粪便。拱腰低头,四肢集于腹下、摇尾,顾腹不安,用后肢或角撞击腹部,腹围膨大。触诊瘤胃,患羊表现疼痛。内容物呈面团状。病初瘤胃蠕动音增强,然后减弱或消失。病情严重时，呼吸困难，结膜发红，脉搏加快，体温一般正常。病的末期，体力衰竭，四肢无力，步态不稳，有时卧地呈昏睡状态。视觉障碍，眼球下陷，血液浓缩。

（3）诊断　根据过食后发病、瘤胃体积增大、内容物坚硬、食欲和反刍停止等特征就可以确诊。

（4）治疗　治疗原则：排除积食，抑制发酵，兴奋瘤胃，恢复机能。病情严重，用药物治疗不能达到目的时，迅速进行瘤胃切开手术，进行急救。

①洗胃　洗胃主要用于轻度瘤胃积食的治疗。首先停止饲喂，按摩瘤胃20分钟，用开口器打开口腔，将胃管慢慢从口腔插入食道，待胃管进入瘤胃内，放低羊头，胃内容物即会流出。当无内容物流出时，将管口抬高，接上漏斗，慢慢灌入大量温水，并多次抽动胃管，再将管口放低，稀释的内容物即可流出。按上法冲洗数次，最后再灌入大量温水，并加入碳酸氢钠20～50克，食盐10～20克，然后将胃管抽出。对心脏衰弱的羊慎用此法。

②药物治疗　主要选用瘤胃兴奋剂和泻剂。可酌情选择下列疗法。

消导下泻：可用液状石蜡油100毫升、人工盐或硫酸镁50克、芳香氨酯10毫升，加水500毫升，1次灌服。

止酵防腐：可用鱼石脂1～3克、陈皮酊20毫升，加水250毫升，1次内服。

纠正酸中毒：5%的碳酸氢钠100毫升、5%的葡萄糖溶液200毫升，1次静脉注射。11.2%的乳酸钠30毫升，1次静脉注射。5%的碳酸氢钠100～200毫升、5%的葡萄糖250～500毫升、生理盐水250～500毫升、25%的甘露醇50毫升、40%的乌洛托品10毫升和25%的葡萄糖50毫升，1次静脉注射。

兴奋瘤胃：皮下注射2%的毛果芸香碱1毫升。

中药治疗：中兽医认为胃腑实积，宜破积导滞，以攻下泻实为主。取厚朴10克、大黄20克、枳实10克、牵牛子10克、槟榔6克、芒硝40克，将上述前5味药水煎2次，溶化芒硝后灌服。

4. 酸中毒

酸中毒是因羊采食或偷食谷物饲料过多，从而引起瘤胃内产生乳酸的异常发酵，使瘤胃内微生物区系和纤毛虫生理活性降低的一种消化不良性疾病。

（1）病因　主要是对羊群管理不善，使羊大量采食富含碳水化合物的谷物，如大麦、小麦、玉米、高粱、水稻、麸皮和酒糟等，瘤胃积食4～6小时可发生酸中毒。

（2）临床症状　病羊精神沉郁，反刍减少，体温大多正常，少数升高，心律和呼吸增快，血液黏稠，眼球下陷，皮肤丧失弹性，尿量减少，腹胀。瘤胃蠕动停止，轻微鼓胀，内容物为液体，瘤胃液pH值在6以下，常伴有瘤胃炎。视觉紊乱，盲目运动。病羊多死于心力衰竭和呼吸困难。

（3）预防　加强饲养管理，严防羊群偷食谷物饲料或突然增加精饲料饲喂量，供给适口性较好且营养丰富的青干草、青绿饲料和配合饲料。

（4）治疗

①症状较轻的羊，用碳酸氢钠30～50克、人工盐20～30克，拌入饲料中饲喂或置于饲槽中让病羊自由采食。

②病情严重的羊，取50%的葡萄糖液80毫升、糖盐水500毫

升、10%的安钠咖5毫升、5%的碳酸氢钠液100～300毫升混合缓慢静脉注射，每日1次。灌服人工盐10克、姜酊10毫升、复方龙胆酊10毫升，每日2次。

③对于出现神经症状的病羊，静脉注射20%的甘露醇或25%的山梨醇250毫升。

5. 胃肠炎

胃肠炎是胃肠黏膜及其深层组织的出血性或坏死性炎症。临床以食欲减退或废绝、体温升高、腹泻、脱水、腹痛和中毒为特征。

（1）病因　本病多因饲养管理不善造成。羊采食大量的冰冻、发霉饲料及化肥，饮用不洁饮水，服用过量驱虫药或泻药，圈舍潮湿均可引起胃肠炎。该病还可继发于羊副结核、巴氏杆菌病、羊快疫、肠毒血症、炭疽及羔羊大肠杆菌病中。

（2）临床症状　病羊食欲减少或废绝，口腔干燥发臭，舌有黄厚苔，伴有腹痛。肠音初期增强，其后减弱或消失，排稀粪或水样便，排泄物腥臭，粪中混有血液、黏液、坏死脱落的组织片。脱水严重，少尿，眼球下陷，皮肤弹性降低，消瘦。当虚脱时，病羊卧地，脉搏微细，心力衰竭，四肢冰凉，昏睡而死。

（3）诊断　根据病史和临床症状，可以做出初步诊断。

（4）预防　不喂发霉变质和冰冻不洁的饲料。不要突然更换饲料，供给充足的清洁饮水。

（5）治疗

①消炎

A. 取磺胺脒4～8克、土霉素4片（每片25单位）、小苏打3～5克，加水适量，1次灌服。

B. 取黄连素片15片、氟哌酸片2片（每片0.2克）、药用炭7克、萨罗尔24克、次硝酸铋3克，加水适量，1次灌服。

C. 取菌必治2～4克溶解于生理盐水250毫升中，或取环丙沙星注射液200毫升，1次静脉注射。

②补液　对脱水严重的羊，取5%的葡萄糖溶液300毫升、生理盐水200毫升、5%的碳酸氢钠溶液100毫升，混合后1次静脉注射。对腹泻严重的羊，可皮下注射1%的硫酸阿托品注射液2毫升。

③中药治疗　白头翁12克、秦皮9克、黄连2克、黄芩3克、大黄3克、栀子3克、茯苓6克、泽泻6克、郁金9克、木香2克、山楂6克，水煎后1次灌服。

6. 异食癖

异食癖是一种由于代谢机能紊乱导致的味觉异常、采食非食用品的综合征。

（1）病因　饲草品质差，缺乏维生素、微量元素和蛋白质，易造成羊消化功能和代谢紊乱，致使味觉异常而发生异食癖。羊患慢性消化不良、寄生虫病、软骨症和某些微量元素缺乏症，常表现异食行为。饲料喂量不足、饲料种类单一、粗饲料长度过短、圈舍面积狭小或通风采光不良、羊群运动量不足或过分拥挤均可导致异食现象。

（2）临床症状　患羊舔食粪便污染的饲料或垫草。啃咬墙壁、食槽、砖及瓦块等，前期对外界刺激的敏感性增高，以后迟钝。随着时间的延长，出现精神不振、食欲下降、身体消瘦、眼球下陷、被毛粗糙等症状，严重贫血会导致死亡。

（3）诊断　根据病史、临床症状可以做出初步诊断。

（4）预防

①供给多样化的饲料。按照羊的营养需要供给配合饲料，最好供给全混合日粮，尤其要重视日粮蛋白质、微量元素和维生素的供应，保证营养物质的全面合理。

②喂料要定时、定量、定饲养员，禁止饲喂冰冻和霉变饲料。

③在冬春季节，要饲喂青贮饲料和优质青干草。

④合理安排羊群密度。

⑤搞好环境卫生，清除羊舍、运动场及放牧地内的塑料、绳头、木片和铁钉等杂物，以免羊误食。

⑥对有寄生虫病史的羊群要定期驱虫。

（5）治疗　结合发病症状与生产实际，根据饲养管理水平、日粮营养成分以及环境条件等，认真分析发病原因，即可做出诊断并及时予以治疗。

①羊缺乏钙，补充钙盐或磷酸氢钙，缺乏盐供给食盐或人工盐。

②微量元素缺乏时，按推荐量添加微量元素添加剂（如含硒微量元素添加剂）。

③调节瘤胃的内环境。取酵母片20片、生长素4克、胃蛋白酶5片、苍术末10克、麦芽粉20克、石膏粉5克、滑石粉5克、复合维生素B_3片、人工盐10克，混合后灌服，1日1剂，连用5天。

④中药治疗　中兽医以调理脾胃为主，取神曲12克、麦芽9克、山楂5克、厚朴5克、枳壳5克、陈皮5克、青皮4克、苍术5克、甘草3克，研末，开水冲调，候温灌服。

7. 感冒

感冒是机体由于受风寒侵袭而引起的以上呼吸道炎症为主

的急性全身性疾病。临床上以流清涕，羞明流泪，呼吸增快，皮温不均为特征。

（1）病因　健康羊的上呼吸道通常寄生一些能引起感冒的病毒和细菌，由于羊营养不良，运动量过大、出汗和受寒等因素，使机体抵抗力下降，微生物大量繁殖而发病。其次是由于管理不当，如厩舍条件差，羊在寒冷的天气放牧或露宿，或出汗后被拴在潮湿阴凉的地方而受寒致病。

（2）临床症状　患羊食欲减退，反刍减少或停止，低头嗜睡，体温升高至40℃左右，耳尖鼻端和四肢末端发凉，眼结膜潮红，流泪，咳嗽、呼吸脉搏快。病初鼻镜干燥，鼻黏膜充血、肿胀、流清稀鼻液，以后流黏性和脓性鼻液，打喷嚏等。

（3）诊断　根据病因及咳嗽、喷嚏、体温升高等临床症状可以做出诊断。

（4）治疗　治疗以解热镇痛、祛风散寒为主。每只羊选择肌肉注射复方氨基比林5～10毫升，30%的安乃近5～10毫升，复方奎宁、穿心莲、柴胡、鱼腥草等注射液。为防止继发感染，可使用抗生素药物。每只羊用青霉素160万单位、硫酸链霉素100万单位，加注射用水10毫升，分别肌肉注射，每日注射2次。病情严重时，也可静脉注射头孢唑啉钠2克和地塞米松2毫克。

8.羊支气管肺炎

羊支气管肺炎也叫小叶性肺炎，是支气管与肺小叶或肺小叶群同时发生的炎症。

（1）病因　本病是由于受寒感冒，机体抵抗力减弱，受病原菌的感染或直接吸入含有刺激性的有毒气体、霉菌孢子、烟尘等而致病。此外，本病也可继发于口蹄疫、乳房炎、子宫炎和肺线虫病。

（2）临床症状　病羊咳嗽，食欲减退，精神不振，体温40℃以上，呈弛张热型，脉搏加快。呼吸困难，表现短而干的咳嗽，严重者可听到湿啰音，支气管内渗出物增多，叩诊胸部有局灶性浊音，听诊肺区有捻发音。若并发肺坏疽及心包炎时，病情急剧恶化，常导致全身中毒继而死亡。

（3）剖检变化　胸腔液呈褐红色至灰色，支气管腔内有稠密而黏糊状的分泌物，肺脏坚实，呈红色至红褐色，肺泡内充满渗出液，肺的切面可见灰白色病灶，其中心部分有脓性软化物。

（4）预防　注意圈舍通风、冬春季防寒保暖，防止感冒。

（5）治疗

①抗感染

A. 取10%的磺胺嘧啶注射液5～20毫升，肌肉注射。

B. 取氨苄青霉素1～4克，1次肌肉注射，每天注射2次，连续注射2～3天。

C. 取菌必治0.5～2克，溶于500毫升生理盐水中，1次静脉注射。

D. 取青霉素80万单位、0.5%的普鲁卡因2～3毫升，直接进行气管内注射。

②对症治疗

A. 病羊体温过高时，用安乃近或安痛定5～10毫升肌肉注射，每天2次。

B. 病羊发生干咳时，可给予镇咳祛痰剂，取氯化铵15克、酒石酸锑钾0.4克、杏仁水2毫升，加水混合灌服。

C. 对于心衰的病羊，可取10%的樟脑磺酸钠注射液2～3毫升，1日3次，肌肉或皮下注射。

③中药治疗　取麻黄12克、杏仁15克、生石膏40克（打碎先煎）、甘草3克、金银花10克、连翘6克、蒲公英10克、鱼腥草10克，水煎候温，1次灌服。

9.羊氢氰酸中毒

氢氰酸中毒，是由于羊采食了含有氰苷的植物或含有氰化物的食物，在胃内经酶水解和胃酸的作用，产生游离的氢氰酸而发生的中毒病。

（1）病因　主要是羊因采食了含氰苷的植物而中毒。含氰苷的植物较多，如高粱苗、玉米苗、马铃薯幼苗、亚麻叶、木薯、桃、李、杏及枇杷叶子等，或误食了氰化物农药污染的饲草或饮用了氰化物污染的水。当杏仁、桃仁用量过大时亦可致病。

（2）临床症状　病羊初期咳嗽，体温升高，呈弛张热型，高达40℃以上。呼吸浅表、增快，呈混合性呼吸困难，叩诊胸部有局灶性浊音区，听诊肺区有捻发音。中后期呈现间歇热，体温升高至41.5℃，咳嗽、呼吸困难。

（3）剖检变化　剖检可见尸僵不全，血液呈鲜红色，凝固不良，口腔有血色泡沫。喉头、气管和支气管黏膜有出血点，气管和支气管内有大量泡沫状液体，肺充血、出血和水肿。心内外膜有点状出血。胃肠黏膜充血和出血，胃内充满气体，有苦杏仁味。

（4）诊断　根据采食情况及临床症状可以做出诊断，确诊必须进行毒物分析。

（5）预防　禁止在含有氰苷作物的地方放牧。用含有氰苷的高粱苗、玉米苗、胡麻苗等作饲料时，应经过晒制或水浸、发酵后再喂饲，而且要少喂勤添，一次喂量不宜过多。

（6）治疗　静脉注射亚硝酸钠，按每千克体重6～10毫克配成5%的溶液静脉注射，再静脉注射3%～10%的硫代硫酸钠溶液20～60毫升。同时应用强心剂、维生素、葡萄糖等进行对症治疗，必要时进行洗胃排毒。

10. 有机磷中毒

有机磷农药中毒，是由于羊接触、吸入和采食某种有机磷农药（或制剂）而引起的全身中毒性疾病。

（1）病因　羊误食了喷有有机磷农药（敌百虫、敌敌畏和乐果等）的农作物或蔬菜，饮用了被农药污染的水，舔食了没有洗净的农药用具，使用了过量的含有机磷兽药，都可引起中毒。

（2）临床症状　病羊流涎，流泪，咬牙，瞳孔收缩，眼球颤动。个别羊严重腹泻，无食欲，反刍停止，全身发抖，步态不稳，卧倒在地，全身麻痹，呼吸困难，有的窒息死亡。病羊心跳100次以上/分钟，呼吸50次以上/分钟，但体温正常。有机磷中毒在临床上可以分为3类症候群：

①毒蕈碱样症状　表现为食欲不振，流涎，呕吐，腹泻，腹痛，多汗，尿失禁，瞳孔缩小，可视黏膜苍白，呼吸困难，肺水肿，以及发绀等。

②烟碱样症状　表现为肌纤维性震颤，血压升高，脉搏频数，四肢麻痹等。

③中枢神经系统症状　表现为兴奋不安，体温升高，抽搐，冲撞蹦跳，全身震颤，渐而步态不稳，倒地不起，在麻痹

下窒息死亡。

（3）诊断　根据发病很急，病程短，流涎、拉稀、腹痛不安及瞳孔缩小等特点，结合有机磷农药接触病史可以做出初步诊断。实验室通过测定胆碱酯酶活性可以确诊。

（4）剖检变化　胃黏膜充血、出血、肿胀，黏膜易脱落。肺充血肿大，气管内有白色泡沫。肝脾肿大，肾脏混浊肿胀，被膜不易剥落。

（5）预防　严格农药管理制度和使用方法，不在喷洒农药地区放牧，拌过农药的种子不得喂羊。

（6）治疗

①灌服盐类泻剂　为了尽快清除胃内毒物，可用硫酸镁或硫酸钠30～40克，加水适量，1次灌服。

②静脉注射特效解毒剂　按每千克体重取解磷定或氯磷定15～30毫克，溶于5%的葡萄糖溶液100毫升内，静脉注射，以后每2～3小时注射1次，剂量减半，根据症状缓解情况，可在48小时内重复注射；双解磷、双复磷，其剂量为解磷定的一半，用法相同。

③肌肉注射硫酸阿托品　用药量为每千克体重10～30毫克。症状不减轻可重复应用解磷定和硫酸阿托品。

11. 流产

流产是指母羊妊娠中断，或胎儿不足月排出子宫外而死亡的一种疾病。流产分为小产、流产和早产。

（1）病因　流产的原因极为复杂。

①属传染性流产　多见于布氏杆菌病、弯曲杆菌病、沙门氏菌病等。

②非传染性流产　见于子宫畸形、胎盘坏死、胎膜炎和羊水增多症等。

③内科病　肺炎、肾炎、有毒植物中毒、食盐中毒及农药中毒等。

④营养代谢障碍病　矿物元素不足或过剩、维生素A和维生素E不足等。

⑤外科病　外伤、蜂窝织炎、败血症等。

⑥其他　饲喂冰冻和霉败的饲料、长途运输、过于拥挤、水草供应不均衡等也可导致母羊流产。

（2）临床症状　突然发生流产者，一般无特殊表现。发病缓慢者，精神不佳，食欲减退，腹痛，努责，咩叫，阴户流出羊水，待胎儿排出后稍为安静。羊发生隐性流产，即胎儿不排出体外，自行溶解，溶解物或排除子宫外或形成胎骨留在子宫内。受伤的胎儿常因胎膜出血，剥离，于数小时或者数天后才排出。

（3）诊断　根据病史、症状可诊断外，还可采取流产胎儿的胃内容物、胎儿和胎衣，做细菌镜检和培养；还可做血清学检查可确诊引起流产的病原。

（4）预防

①定期接种疫苗控制由传染病引起的流产，特别对布氏杆菌病要定期检查，淘汰阳性羊。

②春秋定期驱虫，控制和降低羊只体内外寄生虫的危害。对疑似病羊的分泌物、排泄物及被污染的土壤、场地、圈舍、用具和饲养人员衣物等进行消毒灭菌处理。

③加强饲养管理水平，防止羊群拥挤、缺水或饮用冰凌

水、采食毒草和霜草、遭受风寒等。母羊怀孕后期要提高饲料标准，补充矿物质元素。不喂霉变饲料。

（5）治疗

①先兆性流产　以安胎、抑制子宫收缩为原则，可取孕酮10～30毫克，肌肉注射，每日1次，连用5次。

②胎儿干尸化　先注射雌激素5毫克，连用3天，第二天，注射氯前列烯醇0.1毫克，第三天观察注射催产素的反应情况，在产道及子宫灌入润滑剂后进行助产。有时需要截胎，甚至剖腹产才能解除。

③胎儿浸溶　可分别注射雌激素和催产素，用青霉素160万单位、链霉素100万单位、生理盐水1500毫升冲洗子宫。患羊发热时，静脉注射头孢曲松钠1～2克、甲硝唑注射液100毫升和生理盐水500毫升。

12. 难产

难产是指分娩时胎儿产出困难，不能将胎儿顺利地由产道产出。

（1）病因　羊难产的原因很多，但常见的有以下几种：

①胎儿过大。以进口肉羊为父本改良的羊，胎儿发育普遍较大，从而发生娩出困难。

②饲养管理不当。饲养管理不当可导致母羊过瘦或过肥，子宫阵缩、努责无力。

③胎势、胎位、胎向不正而引起的难产。

（2）临床症状　母羊已经到分娩日期，已有分娩预兆，如乳房肿大、产道肿大、松软，骨盆韧带松软，子宫开始阵缩，子宫颈开张。孕羊发生阵痛，起卧不安，时有拱腰努责，回头顾腹，阴门肿胀，从阴门流出红黄色羊水，有时露出部分胎衣，有时可见胎儿蹄或头，母羊卧地努责，但不见胎儿产出。

（3）诊断　了解难产羊的预产期、年龄、胎次、分娩过程和处理情况，然后对母体、产道和胎儿进行临床检查，掌握母体全身状况、产道的松紧和润滑程度、子宫颈的扩张程度、骨盆腔的大小、胎儿的大小、数量、进入产道的深浅、是否存活、胎儿的胎向、胎位和胎势等情况。

（4）预防　公、母羊混群羊群应注意不要在母羊成熟前进行配种。提高怀孕母羊营养的水平；分娩前要做好接羔助产的各项准备工作，分娩时要有专人负责，发现分娩异常要及时助产。

（5）治疗　羊发生难产应及时助产。

①保定及消毒。一般使母羊侧卧保定。助产器械需浸泡消毒，术者、助手的手及母羊的外阴部均要彻底清洗消毒。

②检查胎儿、胎位及助产。将手伸入阴道内检查胎儿姿势及胎位是否正常，胎儿是否死亡。若胎儿有吸吮动作、心跳，或四肢有收缩活动，表示胎儿仍存活，按不同的异常产位将其矫正，然后将胎儿拉出产道。

③对于阵缩及努责微弱者，可皮下注射垂体后叶激素、麦角新碱注射液1~2毫升。麦角新碱制剂只限于子宫颈完全开张，胎势、胎位及胎向正常时方可使用。

④对于子宫颈扩张不全或子宫颈闭锁导致难产、骨骼变形或骨盆腔狭窄导致胎儿不能正常通过产道的母羊，可进行剖腹产急救胎儿，以保护母羊安全。

13. 乳房炎

羊乳房炎是乳腺、乳池、乳头局部的炎症，多见于泌乳期的肉羊。特征为乳腺发生各种不同性质的炎症，乳房发热、红肿、疼痛，影响泌乳机能和产乳量。

（1）病因　引起乳房炎的因素很多，主要是环境卫生不良、挤乳技术不熟练，损伤了乳头、乳腺体，或因挤乳工具不卫生，使乳房受到金黄色葡萄球菌、大肠杆菌、链球菌或支原体感染所致，亦可见于结核病、口蹄疫、子宫炎、脓毒败血症等过程。

（2）临床症状

①急性乳房炎　患病乳区增大、发热、疼痛。乳汁变稀，混有絮状或粒状物，或有红色水样黏液。表现不同程度的全身症状，食欲减退或废绝，瘤胃蠕动，反刍减慢，体温高达41～42℃，呼吸和心搏加快，眼结膜潮红。严重时眼球下陷，精神沉郁，起卧困难，急剧消瘦，常因败血症而死亡。

②慢性乳房炎　多因急性型未彻底治愈而引起。一般没有全身症状，患病乳区组织弹性降低、僵硬，触诊乳房时，发现大小不等的硬块，乳汁清稀，泌乳量显著减少，乳汁中混有粒状或絮状凝块。

③隐性乳房炎　患羊不表现临床症状，乳汁仅有化学性质变化，称之为隐性乳房炎。

（3）诊断　根据临床表现症状可做出初步诊断，确诊需进行乳汁细菌分离鉴定，隐性乳房炎一般用CTM乳房炎诊断液检测。

（4）预防

①改善羊圈的卫生条件，扫除圈舍污物，定期消毒棚圈，使乳房经常保持清洁。

②对病羊要隔离饲养，单独挤乳，防止病菌扩散。

③对产奶量较高的母羊勤观察，尤其是产单羔母羊，如果羔羊采食不完奶水或者只吸吮一侧乳头，就要进行人工挤奶。

④对分娩前乳房过度肿胀的羊，应减少精料及多汁饲料的饲喂量。

（5）治疗

①局部治疗

外敷：乳房炎初期可用冷敷，用雄黄30克、五倍子30克、生大黄30克、黄柏30克、冰片6克，研成细末，用陈醋调和涂于患部，每天1次。中后期用热敷，也可用10%的鱼石脂酒精或10%的鱼石脂软膏外敷。除化脓性乳房炎外，外敷前可配合乳房按摩。

药物治疗：取0.25%的普鲁卡因10毫升，加青霉素160万单位，分3～4点直接注入乳腺组织内。也可用庆大霉素8万单位或青霉素160万单位，加蒸馏水20毫升，用乳头管针头通过乳头2次注入，每天2次，注射前应用酒精棉球消毒乳头，并挤出乳房内乳汁，注射后要按摩乳房。也可向乳房硬肿块周围注射10毫升红花注射液，共注射2～3次。

②全身治疗

注射抗生素：对乳房极度肿胀，发高热的全身性感染的母羊，应及时注射氧氟沙星、头孢菌素、庆大霉素、卡那霉素、青霉素等抗生素；对于口疮等病毒性病继发的乳房炎，可联合注射利巴韦林注射液10～16毫升。

中药治疗：以清热解毒，活血消肿为原则，选用公英地丁汤加减：取蒲公英50克、地丁50克、连翘15克、乳香12克、没药12克、二花15克、青皮15克、穿山甲9克、川芎12克、黄芩15克、红花9克和当归15克,水煎灌服,连用3~5剂。

14. 胎衣不下

羊胎衣不下是指母羊分娩14小时后仍未排出胎衣的一种疾病。

(1)病因　主要原因是母羊妊娠后期运动不足、饲料品质差、缺少矿物质和维生素、母羊瘦弱、胎儿过大,难产和助产操作不当也可以引起子宫收缩弛缓或乏力,导致胎衣不下。

(2)临床症状　羊常表现拱腰努责,食欲减少,精神较差,体温升高,呼吸及脉搏加快。胎衣久久滞留不下,可发生腐败,从阴门中流出污红色腐败恶臭的恶露,其中杂有灰白色未腐败的胎衣碎片,部分胎衣从阴户中流出,垂于后肢关节部。

(3)预防

①加强怀孕母羊的营养供给,尤其注意日粮中钙、磷和维生素A、维生素D的补充。

②做好布氏杆菌病的防治工作。

③分娩时保持环境清洁和安静。

④分娩后让母羊舔干羔羊身上的液体,尽早让羔羊吮乳或进行人工挤奶。

(4)治疗

①对于分娩后胎衣滞留时间不超过24小时的母羊,可肌肉注射催产素注射液或麦角碱注射液1毫升。

②对于用药48小时仍不奏效的羊,应立即手术治疗取出胎衣。术后向子宫注入抗生素。如将土霉素2克溶于100毫升温生理盐水中,注入子宫腔内。

③对于体温升高的羊,可肌肉注射青霉素240万单位、链霉

素100万单位。也可取头孢曲松1.0～2.0克,溶入500毫升5%的葡萄糖中,静脉注射。

④中药治疗　中兽医治疗以补气益血为主,佐以行滞祛瘀。

A. 取炒川芎10克、当归10克、五灵脂10克、赤芍10克、生芪20克、党参20克、红花6克、益母草20克、桃仁9克、乳香10克、生姜10克、艾叶12克、炙甘草6克、生蒲黄10克,研为细末,温水灌服。

B. 取中成药生化汤丸10～15丸,温水1次冲服。

15. 骨折

羊骨骼发生裂隙或断离称为骨折,常在骨折部发生软组织损伤。骨折分开放性骨折和闭合性骨折,以及不全骨折或骨裂,是一种比较严重的外科疾病。

(1) 病因

①外伤性　多由于管理不善,直接或间接暴力所致。外力直接打击、火器伤、角斗、跨越沟渠、滑倒都能造成骨折。

②病理性　代谢性疾病、佝偻病、骨软病、骨骼钙化不全、骨髓炎及氟中毒可使骨骼的坚韧性发生变化,在受到外力作用时便可发生骨折。

(2) 临床症状　由于骨折的性质、部位、程度不同,所以临床症状也不同。但共同的临床症状为变形、异常活动、肿胀、出血、疼痛、有骨摩擦音及机能障碍。病羊不愿站立,运步时三蹄跳,由于剧烈疼痛致使病羊不愿运动。在临床上常见有肱骨骨折、桡骨骨折、蹄骨骨折、股骨骨折、盆骨骨折等。

(3) 诊断　根据病史和临床症状,可以做出诊断。

(4) 预防　搞好高产母羊的妊娠后期及泌乳高峰期的饲养

管理，合理搭配饲料，减少羊的各种疾病，尽量杜绝意外事故。

（5）治疗　对闭合性骨折的治疗，按照早期整复，合理固定的原则进行。患处清理后涂5%的碘酊消毒。骨折处上下拉直，用手整骨复位。内衬棉花，然后用绷带（或石膏绷带）缠绕3～5层。前后左右各放一根薄竹片或薄木片再用纱布绷带多缠几层，然后用细绳（纱布条）上中下捆绑好。缠绷带不能过紧或过松，要适中。每日要把羊扶起，使之站立采食饲料和饮水，但不能过多活动。患部肿胀消失，患肢能负重时要解开绷带。对开放性骨折，静脉或肌肉注射抗生素防止感染。

16. 尿结石

尿结石是指在肾盂、输尿管、尿道内生成或存留以碳酸钙、磷酸盐为主的盐类结晶，导致羊排尿困难和泌尿器官炎症的疾病。该病以尿道结石多见，而肾盂结石、膀胱结石较少见，种公羊多发。

（1）病因　日粮中的钙、磷比例失调。一般来说，钙、磷的比例应维持在2∶1。日粮中谷物比例过高，就会导致大量的磷进入到尿中。当羊群饲喂偏精料型日粮时，由于精料不能促进唾液的大量分泌，更多的未能随唾液分泌的磷只能从尿中排出，导致尿中磷酸盐结石产生。饲喂颗粒饲料、三叶草、豆科植物及甜菜易形成草酸钙结石。限食饲养，饮水量不足，阉割等，容易出现结石阻塞泌尿器官。

（2）临床症状　结石阻塞病羊尿道，引起尿闭、尿痛、尿频，排尿努责，痛苦咩叫，尿中混有血液，严重者膀胱破裂。膀胱结石在不影响排尿时，无临床症状，常在死后剖检时，才发现结石。

（3）诊断　根据临床症状、病理变化可以做出初步诊断，确诊需进行尿液沉渣的检查。

（4）防治

①钙、磷比例要达到2∶1，镁的含量少于0.2%，公羊应饲喂足够的禾本科干草。谷物饲料的饲喂量不宜过多。饲料不能粉得太细，饲草长度以2～3厘米为宜，以刺激唾液分泌，使更多的磷随粪排出体外。

②增加饮水量。多设饮水点和经常更换饮水也能增加饮水量。将混合饲料中食盐的用量提高到2%～3%，同时添加0.5%的氯化铵。氯化铵用量也可按每只每千克体重40毫克计算。

③避免在3月龄前进行阉割。

④对种公羊，在尿道结石时可施行尿道切开术，摘出结石。

17. 羔羊缺硒病

羔羊缺硒病，又称白肌病，是羔羊的一种急性或亚急性代谢病，临诊上以运动障碍和循环衰竭为特征，病理学上以骨骼肌和心肌变性和坏死为特征。

（1）病因　母羊饲草、饲料硒和维生素E缺乏或不足导致母乳中缺乏维生素E或硒，不能满足羔羊生长发育需要。

（2）临床症状　2月龄以内的羔羊容易发病。患病羔羊表现为拱背，四肢无力，运动困难，喜卧地。有时呈现强直性痉挛状态，随即出现麻痹，血尿，昏迷，呼吸困难。也有羔羊病初难以发现异常，往往由于惊动而剧烈运动或过度兴奋而突然死亡，应用其他药物治疗不能控制病情。

（3）病理变化　死后剖检骨骼肌苍白，营养不良。尿呈红褐色，尿中含蛋白质和糖。

（4）诊断　根据地方缺硒病史，基本症状群，结合临床症状（运动障碍、心脏衰竭、渗出性素质、神经机能紊乱），特征性病理变化及流行病学等特征可以确定。对羔羊不明原因的群发性、顽固性及反复发作的腹泻，应进行补硒治疗性诊断。

（5）预防　在缺硒地区养羊，要注意饲料中硒的添加。母羊分别在配种前和怀孕后期肌肉注射亚硒酸钠维生素E注射液4～6毫升。羔羊在20日龄时注射亚硒酸钠维生素E注射液1～2毫升，间隔20～30天再注射1次。

（6）治疗　羔羊肌肉注射亚硒酸钠维生素E注射液1～2毫升，间隔20～30天再注射1次。

18. 佝偻病

本病是由于羔羊缺乏维生素D引起的钙磷代谢障碍，导致骨骼异常的一种慢性疾病。

（1）病因　主要由于饲料中缺乏维生素D以及日光照射不够，致哺乳羔羊体内维生素D缺乏，导致钙磷吸收障碍，进一步造成钙磷在体内代谢紊乱。此外，母乳及饲料中钙磷比例不当或缺乏，以及多原因的营养不良均可诱发本病。

（2）临床症状　羔羊生长不良或停滞，精神不好，消化紊乱，有异食现象（喜舔食泥土、墙壁等），软弱无力，喜卧，起卧缓慢，跛行。肋骨与肋软骨交界处出现关节肿胀，呈念珠状，肋骨变形。前后肢的腕、膝关节变形，呈外叉式"八"字形或内叉式"X"形。骨盆骨变形呈现狭窄以及脊柱下弯曲而变形。

（3）诊断　追踪饲料缺乏维生素D及钙、磷等原因，根据长骨弯曲、关节肿胀等特异表现即可做出诊断，测定血清钙磷水平也有参考意义。诊断时应与白肌病、传染性关节炎、蹄叶炎、软骨病相区别。

（4）预防　饲喂蛋白质、维生素D和钙磷等营养丰富的饲料。羔羊缺乳或断奶后，要补给充足的维生素D、钙磷饲料。

（5）治疗

①每只羔羊肌肉注射维生素胶丁钙注射液1~2毫升、维生素AD注射液1~2毫升，隔日1次，连用2~3周。

②口服鱼肝油，成羊10~20毫升，羔羊5毫升。口服钙片2~4片。

③每只羔羊静脉注射10%的葡萄糖酸钙注射液10~20毫升。